幼儿教育“岗课赛证融通”微课版系列教材

Observation and Guidance of Children's Behavior

幼儿行为观察与引导

主　编　陶翠萍　王雪芹　周大为
副主编　韩岳轩　谢　筠　陆　宁　冯　娴　罗东月
参　编　余鑫洋　莫　燕　蓝凤明

ZHEJIANG UNIVERSITY PRESS
浙江大学出版社
·杭州·

图书在版编目（CIP）数据

幼儿行为观察与引导 / 陶翠萍，王雪芹，周大为主编. -- 杭州 : 浙江大学出版社，2024.1
ISBN 978-7-308-24484-8

Ⅰ. ①幼… Ⅱ. ①陶… ②王… ③周… Ⅲ. ①幼儿－行为分析－幼儿师范学校－教材 Ⅳ. ①B844.12

中国国家版本馆CIP数据核字(2023)第240732号

幼儿行为观察与引导

YOU'ER XINGWEI GUANCHA YU YINDAO

陶翠萍　王雪芹　周大为　主编

策划编辑　李　晨
责任编辑　曾　熙
责任校对　李　晨
装帧设计　春天书装
出版发行　浙江大学出版社
（杭州市天目山路148号　　邮政编码　310007）
（网址：http：//www.zjupress.com）
排　　版　杭州林智广告有限公司
印　　刷　杭州高腾印务有限公司
开　　本　787mm×1092mm　1/16
印　　张　12.5
字　　数　280千
版 印 次　2024年1月第1版　2024年1月第1次印刷
书　　号　ISBN 978-7-308-24484-8
定　　价　49.80元

PREFACE

前言

随着《幼儿园教育指导纲要（试行）》《托育机构保育指导大纲（试行）》《3～6岁儿童学习与发展指南》《幼儿园工作规程》等文件的陆续颁布，托幼机构保教工作开展得更加规范、有序。我国教育界对幼儿保教人员的专业化发展更为重视，对保教人员的观察能力也提出了相应的要求。例如，《幼儿园教育指导纲要（试行）》指出，要“关注幼儿在活动中的表现和反应，敏感地察觉他们的需要，及时以适当的方式应答，形成合作探究式的师生互动”。《托育机构保育指导大纲（试行）》指出，要“提供支持性环境，敏感观察婴幼儿，理解其生理和心理需求，并及时给予积极适宜的回应”。

幼儿行为观察能力已成为托幼机构保教人员必备的专业素养。《幼儿园教师专业标准（试行）》在“专业能力”维度中的“激励与评价”领域中指出：“有效运用观察、谈话、家园联系、作品分析等多种方法，客观地、全面地了解和评价幼儿。”专业的幼儿保教人员，应学会客观地观察幼儿，读懂幼儿行为，挖掘幼儿行为背后的意义和需要，并能采取恰当的引导策略，为幼儿保教决策提供参考。然而，在我们越来越强调幼儿保教人员观察幼儿行为重要性的同时，不少幼儿保教人员却在观察幼儿的实践过程中遇到了很多困惑，如观察什么、如何记录、如何解读等。

本书根据《幼儿园教育指导纲要（试行）》《托育机构保育指导大纲（试行）》《3～6岁儿童学习与发展指南》等文件对幼儿保教人员观察理念的要求，系统介绍了幼儿行为观察与引导的相关理论知识与操作方法，并结合幼儿在托幼机构一日活动的主要活动类型提出了主要的观察方法与引导策略。通过对本书的学习，读者能获取与幼儿行为观察与引导相关的理论知识，提高幼儿行为观察与引导的实践能力。

总体来说，本书具有如下特色。

1.“项目—任务”制编写模式与活页装订形式相融合

（1）本书采用“项目—任务”制的编写模式，设置了6个项目，下设19个任务，详细介绍了幼儿行为观察与引导的观察理论与不同活动中的引导策略。每个项目以知识目标、能力目标、素质目标为引领来组织相关知识和设计任务内容，实现“教、学、做”的一体化，凸显了职业教育的特点。

（2）本书采用活页式装订形式，方便每个项目中各任务的落实，可以随时选取某一单独任务进行实操。

2. 有效融入课程思政元素

党的二十大报告指出，“教育、科技、人才是全面建设社会主义现代化国家的基础性、战略性支撑”，提出“人才是第一资源”，要“深入实施科教兴国战略、人才强国战略”，明确“教育是国之大计、党之大计。培养什么人、怎样培养人、为谁培养人是教育的根本问题”。① 学前教育是教育的重要组成部分，是教育活动的最初阶段。课程思政是立德树人、提高德才兼备人才质量的重要途径。本书将课程思政元素有机融入学习内容中：以国家各项政策文件为指导，使书中的幼儿行为观察理念符合国家发展和时代需求；书中提到的多种记录与分析方法充分关注教育现实，各种方法的灵活运用体现了事物的多样性与特殊性；每个项目前引用的名人名言，能使学习者关注我国的传统文化，进而在学习中汲取精华，在传承中不断创新。

3. 线上、线下资源有效融合

本书实现了纸质教材与数字资源的相互融合，在所配备的二维码资源中，有的以电子文本形式对纸质内容进行补充，以拓展学习者的课外知识；有的以案例素材的形式帮助读者加深对知识点的印象；有的以“各抒己见”的视频形式提供参考分析与建议，供学习者交流与讨论；有的是托幼机构幼儿行为的图片或实例资源，能使学习者更直观地体验实操过程。学习者扫描二维码即可观看相应资源，随扫随学，极大地拓展了学习的时间与空间。另外，本书配有同步在线资源库，紧密服务教学内容。

由于编者编写经验、视野有限，而且职业教育改革的不断深入使得保教工作研究成果不断涌现，教材存在问题在所难免，敬请各位读者提出宝贵的建议。

编　者

2023 年 7 月

---

① 高举中国特色社会主义伟大旗帜 为全面建设社会主义现代化国家而团结奋斗：在中国共产党第二十次全国代表大会上的报告 [N]. 人民日报，2022-10-26（01）.

CONTENTS

目录

项目一 幼儿行为观察的基础理论认知 ······ 1

任务一 理解幼儿行为观察的相关概念 ······ 3

任务二 知道幼儿行为观察的儿童发展理论与政策规范 ······ 14

项目二 熟悉幼儿行为观察的过程与方法 ······ 23

任务一 熟悉幼儿行为观察的过程 ······ 25

任务二 熟悉幼儿行为观察记录的方法 ······ 37

任务三 把握不同类型观察资料的分析方法 ······ 50

项目三 幼儿生活活动行为观察与引导 ······ 65

任务一 幼儿进餐行为观察与引导 ······ 67

任务二 幼儿如厕行为观察与引导 ······ 76

任务三 幼儿穿脱衣物行为观察与引导 ······ 84

任务四 幼儿睡眠行为观察与引导 ······ 91

任务五 幼儿盥洗行为观察与引导 ······ 99

项目四 幼儿游戏活动行为观察与引导 ······ 107

任务一 幼儿练习性游戏行为观察与引导 ······ 109

任务二 幼儿角色游戏行为观察与引导 ······ 116

任务三 幼儿建构游戏行为观察与引导 ······ 126

任务四 幼儿表演游戏行为观察与引导 ······ 135

项目五　教学活动中的幼儿行为观察与引导 143
任务一　教学活动中的幼儿行为观察认知 145
任务二　不同类型教学活动中的幼儿行为观察 156

项目六　幼儿主要问题行为观察与引导 167
任务一　幼儿分离焦虑行为观察与引导 169
任务二　幼儿社会退缩行为观察与引导 177
任务三　幼儿攻击性行为观察与引导 185

参考文献 193

附　录　项目综合评价表 194

项目一

幼儿行为观察的基础理论认知

项目一导入

项目导入

听不顺，不审不聪，不审不聪则缪。视不察不明，不察不明则过。

——管子

在托幼机构中，不同学龄段幼儿的发展特点及行为表现是有差异的，这些行为是幼儿内在深层次需要的某种表达，对这些外显行为的有效观察便于保教人员及家长更好地理解幼儿，并在此基础上有针对性地对幼儿进行引导。需要明确的是，理论对实践具有指导意义，因此，理解幼儿行为观察的相关概念，知道幼儿行为观察的儿童发展理论，才能为幼儿行为观察提供基础理论指导。

学习目标

知识目标：

1. 理解幼儿行为观察的相关概念。
2. 知道幼儿行为观察的儿童发展理论与政策规范。

能力目标：

1. 能举例说明幼儿行为观察的相关概念。
2. 能查找幼儿行为观察相关的儿童发展理论与政策规范。

素质目标：

1. 通过对幼儿行为观察相关概念的学习，理解相关事物之间的区别与联系。
2. 通过对儿童发展理论知识的学习，树立科学的保教理念。

知识导图

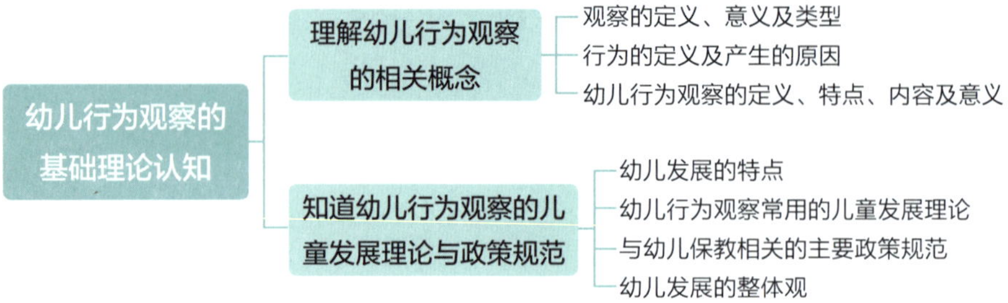

- 幼儿行为观察的基础理论认知
  - 理解幼儿行为观察的相关概念
    - 观察的定义、意义及类型
    - 行为的定义及产生的原因
    - 幼儿行为观察的定义、特点、内容及意义
  - 知道幼儿行为观察的儿童发展理论与政策规范
    - 幼儿发展的特点
    - 幼儿行为观察常用的儿童发展理论
    - 与幼儿保教相关的主要政策规范
    - 幼儿发展的整体观

任务一 理解幼儿行为观察的相关概念

任务情景

小安正在与其他同学讨论幼儿行为观察的相关概念。有的同学认为，观察是描述所看到的事物的外部特征；有的同学认为，行为是身体器官所产生的动作；有的同学认为，幼儿行为就是幼儿的一举一动；还有的同学认为，幼儿行为观察就是把观察到的幼儿行为记录下来。小安不确定这些观点是否正确。

任务目标

通过案例收集、整理，与同学讨论等方式，理解幼儿行为观察的相关概念。

材料准备

笔、纸、幼儿行为观察案例。

任务实施

▼ 步骤一 知识准备

一、观察的定义、意义及类型

（一）观察的定义与意义

1. 观察的定义

观察是对事物的外部特征进行多感官深入分析与思考的过程。观察的过程需要一些要素，具有这些要素的行为才称得上是观察。具体包括以下几个方面。

（1）注意。注意是指个体的感官和思考集中在某个对象上，其所有的感知觉、思考、动作的反应都针对这一对象而产生作用。当环境中的某个事物吸引了个体，引发了个体的好奇，那么个体就会产生获取更多信息以加深了解的想法，这时，观察的第一步——注意便产生了。

（2）对象与背景。引起注意的事物就是对象，而其他同时存在但并不被注意的事物就是背景。虽然背景并不被人密切注意，但它确实存在。人所注意的对象也不是孤立地存在于环境之中的，而是和背景相互影响的。

（3）主观参与。人的内在动机、情感及价值判断参与观察活动就是主观参与。个人的内在动机、情感及价值判断会因人而异。虽然在观察时保持客观性十分重要，但是人的主观性是难以克服的，因为主观性是人个性的核心部分，不可能轻易丢弃或改变。当然，我们不能把主观参与看作是坏事情，因为主观参与可以增强观察的动机，并通过推测、分析、归纳，使客观的事实不停留在琐碎的状态。

（4）判断和结论。判断是指在观察中根据客观事实和主观想法，给予客观对象一个意义。每个观察都应有判断，没有判断的观察不是完整的观察，充其量只能说是感知。观察的判断可能是观察过程中暂时的有待验证的想法，也可能是最后的结论。

综上，观察不仅是人类通过感觉器官进行感知的过程，而且是需要通过大脑对信息进行加工的过程。

2. 观察的意义

观察是日常生活中必然的认识活动。人们通过观察去了解周围的各种现象，去认识周围的各种活动，从而总结在观察中所获得的各种经验，形成对客观世界和主观社会的认识，进而构建起系统的世界观和人生观。观察全面、体会深刻，就会形成对客观世界的全面完整的认识，从而能够采取积极的行动，取得各项工作的成功。

观察既是一种认识活动，也可作为科学研究常用的方法。观察法通过有目的、有计划地观察研究对象在一定条件下言行的变化，并对结果进行记录和分析，从而得出结论。作为一种方法，观察法不是一蹴而就的，要有一系列的环节，如事先要有目的和计划，事中要有观察、记录和分析，事后要得出结论。只有这样，才能称其为方法。

（二）观察的类型

观察根据不同的标准可分为不同的类型：根据观察的专业程度，可分为一般观察和专业观察；根据观察过程的结构性质与控制程度，可分为开放式观察和封闭式观察；根据观察过程是否直接面对被观察者进行，可分为直接观察和间接观察；根据观察者是否直接介入被观察者的活动，可分为参与观察和非参与观察；根据观察内容是否连续完整及记录方式的不同，可分成描述观察、取样观察和评定观察等；根据观察的时间安排，可分为定期观察和追踪观察。下面分别进行介绍。

1. 一般观察和专业观察

（1）一般观察。一般观察就是人们在日常生活中的观察，也称为日常观察。观察是人类的一种本能。日常生活的观察多是因为好奇，大多没有预先设定的目的。通过一般观察，我们能够收集到大量的信息，但这些信息往往具有主观性、偶然性和零碎性，只有那些人们需要的或感兴趣的内容，才可能被接收和储存，对不需要或不感兴趣的内容往往“视而不见”“听而不闻”。在现实生活中，我们不仅会进行无目的的观察，也需要进行有目的的观察，任何一种观察都能提高我们的观察能力，促使我们思考所见所闻之事，并在头脑中自然地考虑如何应对，以使我们更好地适应和享受生活。

（2）专业观察。专业观察是专业人员在工作或在研究中运用专业手段了解对象、研究问题的观察。一般观察中的判断都有较强的主观倾向，而专业观察则是基于职业需要或科学研究而产生的，有明确的目的计划和安排，且注重过程控制，记录严格，能在一定程度上减少过程误差，避免结果错误。但专业观察也是“事实获取—主观判断—事实获取”这一过程的反复，过程中所做的判断可能只是暂时的假设，为增加专业观察的可信度，还应收集客观事实来验证。专业观察也需要观察者的主观参与，需要观察者具备专业能力，包括辨识观察动机的能力、追求可靠资料的能力、对观察工具的选择或制作的能力、反省主观情绪或成见的能力、区分客观与主观的能力、分析行为意义的能力、提出假设的能力等。

2. 开放式观察和封闭式观察

（1）开放式观察。开放式观察，也称为非正式观察、无结构观察。这种观察方法没有固定的结构，也没有周密的观察计划及过程，观察过程简单。观察前列出观察提纲，过程中结合实施情况修改提纲，记录内容不必非常详细，但必须对观察资料进行理性分析。开放式观察能够发挥观察者的观察能力，但不能得到科学量化的统计数据，观察中易偏离目标。

（2）封闭式观察。封闭式观察，也称为有结构观察，是一种有控制的、具有严密结构的观察方法，通常运用于科学研究中。观察前需对观察过程进行计划，明确观察行为并进行操作性定义，还要事先确定好观察的场景、内容及记录方法，并对观察表格进行详细的制定，因此，短时间内能够收集大量的能够量化的统计数据，可信效度较高，但因过程较为详细而缺乏灵活性，资料的收集较难做到全面。

3. 直接观察和间接观察

（1）直接观察。直接观察就是在现场对正在发生的行为和现象进行的观察。其优点是观察者的感受较为直观、具体，有助于形成对被观察者的整体性认识；缺点是容易受周围环境的干扰，且一些重要信息可能会被遗漏，难以还原原始场景。

（2）间接观察。间接观察是通过对现象或行为进行间接的观察来获取资料的。间接观察包括物化行为的观察，如通过观察图书区中图书的磨损程度来了解个体对书本的阅读情况，也包括以录音、录像仪器或技术手段为中介进行观察。这种观察方式能扩大感官研究的范围，并能还原原始情景并进行反复观测，提高观察的科学性。但是由于没有直接观察现象或行为，资料的效度不能保证。

4. 参与观察和非参与观察

（1）参与观察。参与观察是观察者在参与被观察者活动的过程中进行的观察。观察者直接进入所观察的活动中，能够得到比较具体的感性认识，可以缩短与被观察者的心理距离。这种观察方式较为灵活、开放，但主观性强，难以重复验证。

（2）非参与观察。非参与观察是观察者不介入被观察者的活动，而是以旁观者的身份进行的观察。这种观察操作相对容易，所得的结果较为客观，但难以对观察对象进行深入的了解。

5. 描述观察、取样观察和评定观察

（1）描述观察。描述观察是指在观察过程中，观察者详细记录观察对象连续、完整的心理活动事件和行为表现的一种观察方法。描述观察所获得的资料完整、自然、真实、生动，但是因为要求记录完整，往往会花费较多的人力、物力，导致所得样本有限，且难以做到量化分析。常见的描述观察法有日记描述法、轶事记录法、实况详录法和样本描述法。

（2）取样观察。取样观察是指依据一定的标准选取被观察对象的某些心理活动和行为表现，对其进行观察记录，或者选择在特定时间内的行为进行观察记录的一种方法。取样观察是对预先选定的行为进行观察，观察针对性强，且记录省时省力，但因为多数取样观察只是记录行为发生与否，很少记录该行为发生的前因后果，特别是在对群体大样本的观察中更是如此，记录的资料不够完整、详细，也就很难进行深入的分析。

（3）评定观察。评定观察是观察者在对观察对象进行观察的基础上，对其行为或事件做出判断的一种方法。评定观察建立在观察者对被观察者平时观察的基础上，且是在多次观察基础上的观察，在评定这样的行为或者判断行为处于什么等级方面较为方便，但记录的资料不够完整、详细，因此，这种评定方法一般在了解整体情况时使用。

6. 定期观察和追踪观察

（1）定期观察。定期观察是在某个指定的时段内对观察对象反复进行观察，观察内容一般比较集中。这种观察方式可以通过重复观察对初步的研究结果进行验证，结果比较可靠。但其缺点在于往往只能看到某个特定时段的情况，较难看到连续性的变化。

（2）追踪观察。追踪观察会对某个观察对象或观察对象的某种行为进行较长时间的观察，从而获得连续性的发展资料。这种观察方式对了解追踪观察对象一段时间内持续的发展变化意义重大。

以上观察的类型各有特点，且不同的观察类型也可交叉使用，因此在观察时具体选用哪种类型应视实际情况而定。

二、行为的定义及产生的原因

（一）行为的定义

关于“行为”的解释有很多种，集中起来可分为狭义和广义两种解释。

1. 狭义的行为

狭义的行为是指个体的一言一行、一举一动，是个体表现在外且能被直接观察、描述、记录或测量的活动。例如，吃饭、睡觉、阅读、散步等都是可以从外部观察到的活动，是人行动的外在反映。这些活动不但可以由他人直接观察到，而且可以利用一些设备记录下来，如通过录音机录音、摄像机录像等。

2. 广义的行为

广义的行为不仅仅是可以直接观察到的、可见的外在活动，还包括以外在行为为线索，间接获取的内在心理活动和心理过程。外部行为只能代表被观察者个人行为的一小部分，而不是全部，其他不能由观察者直接接收到的还有被观察者的情绪、思维、意愿、个性等，必须通过反映行为事实的资料来猜想、假设、评估或推测。因为一个人在接受外界的刺激后，可能产生外在的行为反应，也可能没有明显的外在行为反应，只是有内在心理上的反应而已，如“敢怒不敢言”“默默地承受”等。而我们进行观察，不仅要了解被观察者的外在行为，还要了解隐藏在其内心的动机、想法，甚至是潜意识等。

本书采用的是广义的行为的定义。

（二）行为产生的原因

从环境刺激与个体行为的关系来看，行为产生的原因主要有以下 3 种。

1. 个体接受了刺激很快就出现的行为

这类行为体现的环境刺激与外显行为的关系是：刺激—反应。它体现了刺激与行为的直接关联性。这种关系中行为的产生常常是个体不假思索的反应的结果，完全由环境刺激所引发。有些反应是自然的、天生的，有些反应是在后天的环境中模仿及重复而形成，或因受环境多次制约、经过多次练习而养成。在观察的时候，只要多收集几次资料，就不难看出一个人一贯性的行为特征，由此可推测出他的个性特点。

2. 个体在接受刺激后进行了思考和选择才表现出来的行为

这类行为体现的环境刺激与外显行为的关系是：刺激—有机体的意识—行为反应。这类行为的产生，有些是因为个体在环境刺激下选择了符合自我发展需求的行为，如学习；有些是为了获得他人的注意或希望被接纳而产生的表现行为，如交谈。也就是说，当个体受到外在刺激后，不是立即从外在行为上反映出来，而是先经过了内在的思考及选择（涉及情感、意念、动机等），再做出行为反应。对于这类行为，我们可以观察到的是环境的刺激和后面相应的行为反应，但是二者之间的思考过程，则难以看到。

3. 由内在的动机、情绪或意志力等引起的行为

这类行为体现的环境刺激与外显行为关系是：内在动机—行为反应。这类行为虽然也有环境的原因，但是环境对行为产生的影响不是很明确，可能是间接原因或者次要原因，也可能是较长期耳濡目染、潜移默化的原因。例如，追求学问的行为、管教孩子的行为、表现专业技术的行为等，这类行为只能看到行为如何产生，而不易看到行为产生的原因，因此行为观察中的推测很容易发生错误，如果不是对观察对象比较熟悉，或者进行了深度访谈，是很难做出正确判断的。不过在幼儿中这类行为比较少见。

三、幼儿行为观察的定义、特点、内容及意义

（一）幼儿行为与幼儿行为观察的定义

幼儿行为是指能够被直接观察到的、可测量的幼儿外在的活动，以及通过其外在的行为线索可间接推断出的内在心理活动和心理过程。幼儿行为的意图主要是为了得到、获得关注，为了移除嫌恶刺激，或者是为了满足好奇而探索。例如，家长不让乐乐吃糖果，乐乐通过哭闹想要获得家长的允许。再如，乐乐不喜欢睡午觉，但老师每天中午都安排大家睡午觉，所以乐乐在午睡时间，一会儿要上厕所，一会抠手指。幼儿行为观察，顾名思义，是对幼儿行为的观察，尤其注重了解他们的个性、需要、兴趣等不同方面的情况，以便根据不同幼儿的特点调整教育行为和教育策略。

（二）幼儿行为观察的特点

幼儿行为观察也是专业观察的一种，从总体上来说具有如下特点。

1. 幼儿行为观察是在自然状态下对幼儿行为的观察

所谓的自然状态，也就是对所观察的现象或行为不加任何人为的控制因素，使它们以本来的面目客观地呈现出来。为了了解幼儿的行为所表明的真实意义，对幼儿行为的观察一定要在自然状态下进行。例如，想要观察幼儿的进餐、睡眠、如厕情况，就应该让幼儿在日常生活中熟悉的进餐、睡眠、如厕环境中自然地进行。

2. 幼儿行为观察是一种有目的、有计划的研究方式

虽然对幼儿行为的观察是在自然状态下进行的，但并不等于说对幼儿行为的观察就完全任其自然。幼儿行为观察是一种专业观察，其最终目的是调整教育行为和教育策略，对幼儿进行引导，所以要对观察的步骤、途径、方式等进行一定的控制，以减少误差，增强结论的可靠性。例如，观察目标、观察对象、观察地点、观察时间、观察方法、如何记录等，大多要预先安排，对观察的问题或变量还要给出明确的操作性定义等。

3. 幼儿行为观察需要采用多种方式、收集多方面的客观资料

对客观事实的了解除运用观察者的感官外，还可运用各种能够帮助收集观察对象资料的工具。无论采用什么工具，目的只有一个，那就是尽可能地将观察到的事实原貌保存。因此，观察中的记录尤为重要。需要注意的是，在观察记录时，应把对行为的客观描述和主观解释与评价严格地区分

开来。无论采用的是什么样的记录方法（人工的或其他的），都要强调记录的客观性，不加入任何扭曲的内容，也不添加随意的猜想。

（三）幼儿行为观察的内容

幼儿行为观察的具体内容有很多，概括起来大致有以下几个方面：幼儿日常生活的行为（如厕、进餐、睡眠等），幼儿的游戏行为，幼儿的认知能力，幼儿的语言和阅读发展的情况，幼儿使用工具（玩具等材料）的行为，幼儿与同伴、与成人的互动行为，以及需要特殊照顾的幼儿的行为等。这些行为体现在幼儿的一日生活中。

（四）幼儿行为观察的意义

幼儿行为观察的意义可以从其对幼儿、保教人员、家长及托幼机构的意义方面来分析。

1. 对于幼儿的意义

（1）有助于满足幼儿的心理需求。在成人观察幼儿的过程中，无论幼儿是否觉察到他在被观察，幼儿都受到了更多的关注和爱。幼儿在活动的过程中，喜悦的心情可以立即进行分享，悲伤的情绪可以及时得到排解，有利于幼儿身心的健康成长。

（2）有助于幼儿更好地接受教育。幼儿受年龄限制，语言、认知、运动等能力尚未发育，其行为也易受情绪的影响，故表现出的行为常常不易被理解。通过观察幼儿的行为，成人可以推测其行为背后的内在动机，并据此使幼儿受到更好的教育。

（3）有助于幼儿的差异化教养。幼儿因自身或成长环境的不同，在发展水平、兴趣上都存在一定的差异。通过观察，成人可以了解幼儿间的差异，在尊重和保护幼儿个性特点的基础上，及时调整养护和教育方式，更好地促进幼儿的差异化发展。

2. 对于保教人员的意义

（1）有助于保教人员了解幼儿的学习与发展状况。由于幼儿家庭生活背景不同，生理、心理基础不同，所以幼儿之间存在着很大的差异。保教人员通过观察幼儿的外显行为并对其进行分析，可以更好地了解幼儿。

（2）有助于保教人员改进教育活动设计。保教人员通过观察了解幼儿，可以依据国家有关规定，结合本班幼儿的发展水平和兴趣需要，制订和执行教育工作计划，合理安排幼儿的一日生活，设计出更能提高幼儿能力、符合幼儿年龄和兴趣的活动。

（3）有助于保教人员自身的专业发展。在对幼儿行为进行观察的过程中，保教人员作为观察者可以锻炼观察能力，尤其是见习或实习的保教人员，实践经验相对缺乏，幼儿行为观察正好为其提供了将理论与实践结合的有效途径。

3. 对于家长的意义

（1）有助于家长了解幼儿行为背后的原因。由于幼儿的语言发展需要经历一段时间，所以家长对幼儿最初的教养方式就是根据对幼儿行为的观察来进行的。不同的哭声、动作等信号的含义是家长通过一段时间的观察而了解到的。3 岁以后幼儿的行为变得更为复杂，更加社会化，幼儿行为可塑性非常强，通过模仿或者学习，就能够习得新的行为。因此，家长对幼儿的行为要保持一定的敏感度，针对幼儿的消极或偏差行为，要思索行为背后的原因，采取针对性的策略，促进幼儿的健康发展。

（2）有利于家长与幼儿园的合作。幼儿在进入托幼机构后，又多了一个重要的人际交往对象，即保教人员。保教人员可以将自己观察到的资料提供给家长参考，同时家长也可以将自己在家庭中观察到的资料提供给保教人员。这样的沟通对幼儿的学习和发展非常重要，双方对幼儿在家和在园的情况有了全面而透彻的了解，就能对幼儿的行为做出客观公正的分析，并为教育教学策略的实施提供依据。

4. 对于托幼机构的意义

（1）有助于提高托幼机构整体教研水平。幼儿行为观察是保教人员专业能力的具体体现。关注保教人员在保教活动中对幼儿行为观察的教研总结或进行教研评比，既可以促进保教人员自觉学习幼儿行为观察相关知识，不断提升专业能力，又可以提升保教人员的写作能力，提升综合素养。

（2）有助于托幼机构掌握整体保教质量。日常观察的具有典型意义的幼儿行为表现和所积累的各种作品等，是对幼儿发展进行评价的重要依据。托幼机构可以依据这些资料总结幼儿保教中存在的问题，并据此进行改进调整，使保教质量达到目标要求。

幼儿行为观察案例参考

▼ 步骤二　活动实施

一、结合案例理解观察与行为的概念

（1）在所收集案例中找出能体现观察 4 个要素的表述，并填入表 1-1-1，以进一步理解观察的概念。

（2）在所收集的案例中找出能体现外显行为及其与环境刺激的关系的表述，并填入表 1-1-1，在此基础上进一步理解行为的概念。

表 1-1-1　观察与行为概念的举例分析

概念	概念相关内容	案例中的表述
观察	要素 1：	
	要素 2：	
	要素 3：	
	要素 4：	
行为	外显行为	
	外显行为与环境刺激的关系	

二、结合案例总结观察类型的优缺点

选择观察类型的某一分类标准，总结该标准下观察类型的优缺点，并指出所收集的案例是否属于相应的观察类型，如表 1-1-2 所示。

表 1-1-2　不同标准下的观察类型讨论表

标准	类型	优点	缺点	案例类型
				□是　□否
				□是　□否
				□是　□否

三、结合案例分享幼儿行为观察的意义

结合所收集的案例分析幼儿行为观察的意义，填在以下方框内，并在小组内进行分享。

任务评价

任务评价表如表 1-1-3 所示。

表 1-1-3 任务评价表

评价项目	评价要点	满分值	自我评价（40%）	小组评价（60%）
结合案例理解观察与行为的概念	能结合案例给出观察的 4 个要素（20 分）	30 分		
	能结合案例给出外显行为及其与环境刺激的关系（10 分）			
结合案例总结观察类型的优缺点	能给出所选标准下观察的类型（6 分）	48 分		
	能总结所选标准下观察类型的优点和缺点（36 分）			
	能分析给出案例所使用的观察类型（6 分）			
结合案例分享幼儿行为观察的意义	能结合案例进行说明（2 分）	22 分		
	涉及主体全面、正确（20 分）			
总分		100 分		

说明：任务评价包括自我评价和小组评价，评价时应结合相应评价要点进行评价；小组评价一般由组长负责组织，并结合小组成员的意见进行评价；总得分精确到小数点后两位。

任务二　知道幼儿行为观察的儿童发展理论与政策规范

任务情景

小安与同学们已经理解了幼儿行为观察的相关概念，但她认为对幼儿行为观察要有幼儿发展相关的理论支撑。她之前已学习过幼儿发展心理学的基础知识，是不是有这些知识就足够了呢，还需要有哪些理论支撑呢？

任务目标

查找资料并复习所学，强化对幼儿行为观察的儿童发展理论与政策规范的理解。

材料准备

笔、纸、幼儿心理发展相关书籍，《幼儿园教育指导纲要（试行）》《托育机构保育指导大纲（试行）》《3～6岁儿童学习与发展指南》《幼儿园工作规程》等，以及幼儿行为观察案例。

任务实施

▼ 步骤一　知识准备

一、幼儿发展的特点

幼儿身心发展是一个连续、完整、有规律的过程，有必然的方向性、顺序性、阶段性。在不同发展阶段，他们的动作、语言、认知、情感和社会性等方面的发展也有着阶段性的特点。只有了解不同年龄段幼儿发展的一般特点，才能在整体上把握各年龄段幼儿的行为重点，从根本上寻找幼儿行为背后的原因，从而采取科学的指导策略。如果没有足够的幼儿发展心理学、行为科学的相关知识，只凭教育经验或主观感觉进行分析，结果就不够准确，容易偏颇。因此，对幼儿行为进行观察时，可以参照幼儿发展的整体规律及相应年龄阶段的特点。

当然，幼儿发展的特点揭示的是一般规律，如果在幼儿行为观察中过于依赖这些一般规律，对发展水平和速度异于同龄孩子的幼儿就易误判。因为受到遗传及环境等多种因素的影响，幼儿发展不可避免地存在个体差异。观察者在具体运用一般规律的同时，还要结合具体情境，考虑幼儿个体差异。

二、幼儿行为观察常用的儿童发展理论

不同理论流派在分析幼儿行为时有不同的理念，对幼儿行为指导的方式也各有特色。保教人员应熟悉常用的几种儿童发展理论，并灵活地将理论运用于实际行为观察与指导中。几种常用的儿童心理发展理论的主要观点、适用范围及举例如表 1–2–1 所示。

表 1–2–1　常用儿童心理发展理论的主要观点、适用范围及举例

发展理论	主要观点	适用范围	案例	案例分析
约翰·华生的行为主义	个人的习惯是在适应环境的过程中学会的快速行动的结果，习惯是形成的一系列的条件反射，强调练习的作用	解释儿童新行为包括不良行为的形成原因	乐乐在玩具店有撕拉玩偶的现象，通过对其日常行为的观察，发现他在动画片中接触到了一些暴力行为	乐乐在看动画片的过程中学到了一些不良行为，可通过设计相关的消极强化手段帮助其改正不良行为
伯尔赫斯·弗雷德里克·斯金纳的操作行为主义	强化可以塑造儿童的行为，分积极强化和消极强化			
阿尔伯特·班杜拉的社会学习理论	儿童通过观察学习而习得新行为			
阿诺德·格塞尔的成熟势力学说	个体的发展取决于成熟，儿童在成熟之前，处于学习的准备状态；发展的过程不可能通过环境的变化而改变；儿童具有自我调节能力，并形成固定的生活模式；自我调节中存在不平衡和波动，表现为进进退退，并提出了《儿童行为周期变化表》	理解、尊重儿童个体的发展规律，解释儿童行为发展中适度的退化现象	现 2 岁半的浩浩在学习如厕的过程中，之前已经能够主动报告大小便，但是最近又开始经常大小便在身上	浩浩的这种行为表现是正常的，是一种适度的退化现象

1-2-2

续表

发展理论	主要观点	适用范围	案例	案例分析
让·皮亚杰的认知发展理论	儿童是以自我为中心的，他们会把注意力集中在自己的观点和自己的动作上；学前儿童处于道德水平的他律阶段；教育能够促进儿童的思维发展，但是教育无法超越儿童的发展阶段和现有的认知结构水平	用以解释儿童从自我中心出发的各种行为如何受到现有思维水平的限制，理解儿童对成人、对游戏规则尊崇的行为，理解儿童根据行为的后果来判断是非的原因，理解儿童对于超越其认知结构水平的教育无法接受	4岁的苗苗在向小朋友介绍自己的画时，把画对着自己，致使其他小朋友根本无法看到。在老师的一再要求下，苗苗才把画对着其他小朋友，但是不经意间，又把画朝着自己了	苗苗并非故意，而是无法克服以自我为中心的思维限制
维果茨基的社会文化理论	儿童的自言自语现象是出于自我防卫和自我指导；语言是儿童解决问题等高级认知过程的基础，可以帮助儿童考虑自己的行为和行动的过程；在认知发展的社会起源上，儿童是在与成人的交往中，实现认知发展的	理解儿童解决问题中出现的自言自语现象，理解成人与儿童之间的相互作用及混龄儿童之间的相互作用	壮壮在用拼插积木搭建一座摩天轮时有大段的自言自语	这些自言自语并非废话，而是壮壮的思考和自我指导的一种表现

三、与幼儿保教相关的主要政策规范

《幼儿园教育指导纲要(试行)》《托育机构保育指导大纲(试行)》《3～6岁儿童学习与发展指南》《幼儿园工作规程》等与幼儿保教相关的主要政策规范在幼儿行为观察及促进幼儿发展方面具有如下作用。

(一)为解释幼儿行为提供政策依据

例如，《幼儿园教育指导纲要(试行)》是为了指导幼儿园深入实施素质教育而制定的政策性文件。它指出了幼儿园的教育内容与要求，并给出了五大领域的指导建议，可以帮助幼儿园从不同的角度促进幼儿情感、态度、能力、知识、技能等方面的发展，为幼儿行为观察提供了目标与建议依据。

又如，《托育机构保育指导大纲(试行)》是为了指导托育机构及家庭实施科学的保育而制定的政策性文件，提出了3岁以下婴幼儿各领域发展的保育目标及不同年龄段的保育要点，并给出了相应的指导建议。通过学习这一政策性文件可以帮助观察者从保育的角度为 0 ～ 3 岁婴幼儿的行为观察提供依据。

再如，《3 ～ 6 岁儿童学习与发展指南》是为了指导幼儿园及家庭实施科学的保育和教育而制定的政策性文件。它呈现了 3 ～ 6 岁幼儿学习与发展的最基本、最重要的领域、子领域，学习发展最基本、最重要的方面、目标及该目标下若干典型表现，并提出了相应的教育建议，可以帮助幼儿园教师和家长了解 3 ～ 6 岁幼儿学习与发展的基本规律和特点，建立对幼儿发展的合理期望，实施科学的保育和教育，让幼儿度过快乐而有意义的童年。我们也可以以此来确定幼儿行为观察的目标，明确观察内容及行为，从而更客观地了解、评价 3 ～ 6 岁幼儿的行为，在观察后也可以根据所观察到的行为，运用《3 ～ 6 岁儿童学习与发展指南》来解读幼儿行为背后的原因。

（二）为全面了解幼儿发展水平提供指引

幼儿的身心发展特点和行为表现是托幼机构保教人员观察幼儿所需要掌握的基本知识。幼儿保教政策规范可以帮助观察者了解全体幼儿的整体发展水平，以及幼儿在各领域的整体发展情况。例如，《3 ～ 6 岁儿童学习与发展指南》中的各领域目标代表着各年龄阶段幼儿在这一领域一些行为的整体发展水平，是这一阶段的幼儿可能会达到的目标，而不是通过某一个活动就能达成的目标。在运用政策进行观察时，根据各领域的目标，观察者可以了解幼儿整体的发展水平，在对这一年龄段幼儿进行观察时需要将各领域目标不断地细化为具体的观察目标，根据各阶段的典型行为特征来观察幼儿的行为。

幼儿的发展是按照一定的顺序和规律进行的。这种顺序和规律能够提供幼儿发展的常模，也就是幼儿发展年龄特点或年龄目标等信息。保教人员借由幼儿发展常模可以分析幼儿的发展情况，了解幼儿在同龄群体中所处的位置。例如，《3 ～ 6 岁儿童学习与发展指南》以五大领域中 3 ～ 6 岁幼儿各年龄层次的典型表现作为评估幼儿发展水平的基础，并将其作为实施幼儿行为观察的目标的参考，或分析幼儿行为观察记录的依据。但需要注意的是，年龄目标只是评估幼儿发展的依据之一，切忌把幼儿的年龄目标作为衡量幼儿发展的唯一标尺。

（三）促进幼儿个体全面发展

在运用这些政策规范时，观察者可以通过观察了解幼儿身心发展的特点与实际水平，列出幼儿在动作、认知、语言、情绪和社会性等方面的典型特征，对照政策中幼儿的典型表现来具体深入地分析，发现幼儿发展水平的差距，结合心理学和教育学等原理，寻找出差距背后的原因，给出合理的教育建议，调整保教策略，弥补幼儿发展的短板，促进幼儿全面和谐健康发展。例如，《幼儿园教育指导纲要（试行）》指出，幼儿的行为表现和发展变化具有重要的评价意义，保教人员应视之为重要的评价信息和改进工作的依据。其中关于幼儿园对幼儿发展状况的评估特别强调：要承认和关注幼儿的个体差异，避免用整齐划一的标准评价不同的幼儿，在幼儿面前慎用横向的比较；要全面了解幼儿的发展状况，防止片面性，尤其要避免只注重知识和技能，忽略情感、社会性和实际能力的倾向。

四、幼儿发展的整体观

（一）从心理学视角理解幼儿发展的整体观

从心理学的视角来看，幼儿发展的整体性可以从幼儿的生理发展、心理发展及身心发展的有机统一上来理解。

1. 从生理结构来看

人的生命体是一个整体，其中的每一个系统都有各自不同的功能，但任何一个系统都不能脱离其他系统而单独存在或发挥功能。所以，幼儿的保教工作，需要树立整体的发展观，使幼儿的身体机能在整体上得到合理、协调、适度的发展。

2. 从心理结构来看

幼儿的心理结构也是一个复杂系统。尽管不同学者对个体心理的划分方式不一致，但是多数发展心理学研究者都认可将个体心理的发展划分为认知、情绪和社会性发展等几个方面。它们之间存在着相互制约、相互促进又互为条件的错综复杂的动态关系，并在幼儿的心理发展中共同发挥着作用，缺一不可。显然，当我们说幼儿某一方面的心理发展时，实际上其他心理因素的协同发展已经作为前提隐含在其中了。

3. 从身心发展的有机统一来看

幼儿发展的整体观的核心要义在于，无论是幼儿的身体发展，还是心理发展，都必须是整体的发展，而不是某一方面独立或片面的发展；幼儿的身心系统之间存在相互联系、相互制约、互为条件的复杂动态关系，从而构成个体生命体的整体系统。在这一整体系统中，生理系统是心理系统发展的基础，心理系统是生理系统发展的重要条件。如果心理系统脱离了生理系统，人的心理也就没有了物质载体，心理也就不复存在了；如果生理系统失去了心理系统的支持，那么人的身体也就失去了“灵魂”。因此，在幼儿发展过程中，保证身心系统和谐统一是极其重要的。

（二）从教育学视角理解幼儿发展的整体观

从教育学的视角来看，幼儿发展的整体性可以从五大领域的有机统一上来理解。《3～6岁儿童学习与发展指南》指出，幼儿的发展是一个整体，要注重领域之间、目标之间的相互渗透和整合，促进幼儿身心全面协调发展，而不应片面追求某一方面或几方面的发展。《幼儿园教育指导纲要（试行）》指出，幼儿园的教育内容是全面的、启蒙性的，可以相对划分为健康、语言、社会、科学、艺术等5个领域，也可作其他不同的划分；各领域的内容相互渗透，从不同的角度促进幼儿情感、态度、能力、知识、技能等方面的发展。

教育工作者在进行幼儿行为观察时，切忌将思维局限于某一个或某几个领域。因为个体的发展是一个整体，往往一个行为反映了多个领域、多个目标的发展情况，观察者应注重领域之间、目标之间的相互渗透和整合，在进行幼儿行为观察时应纵观全局，不执着于达成预设的观察目标，而是需要综合分析、灵活调整观察目标和观察内容。

（三）从个体与群体关系的视角理解幼儿发展的整体观

幼儿发展的整体性还可以从幼儿个体的发展和幼儿群体的发展，以及二者的和谐统一上进行理解。幼儿发展的整体观的另一个含义是群体幼儿的整体发展。因为教育的目标并不只是某个幼儿的个别发展，还应面向全体幼儿，使所有幼儿在整体上都能得到全面、和谐、健康的发展。《幼儿园工作规程》指出，教育活动的组织应当灵活地运用集体、小组和个别活动等形式，为每个幼儿提供充分参与的机会，满足幼儿多方面发展的需要，促进每个幼儿在不同水平上得到发展。《托育机构保育指导大纲（试行）》关于托育机构保育应遵循的原则指出，应尊重儿童，坚持儿童优先，保障儿童权利；尊重婴幼儿的成长特点和规律，关注个体差异，促进每个婴幼儿全面发展。

在实际工作中，对幼儿行为观察的分析与指导不必局限于特定的儿童发展理论，只要是对幼儿的发展有利的都可以采用。需要注意的是，将理论转化为教育实践是一个漫长的探索过程，而且幼儿发展的变化性和个体差异性很大，到底何种指导策略对幼儿有利，还需要观察者慎重思考、谨慎选择，并在实践中不断更正。

▼ 步骤二 活动实施

幼儿心理发展的年龄阶段特征参考

一、查找并复习幼儿心理发展的年龄特征

各小组分工查找各年龄段幼儿心理发展的年龄特征（包括动作、语言、认知、情感和社会性等），并将相应内容总结在表 1–2–2 中（或者将内容打印粘贴）。

表 1–2–2 各年龄段幼儿心理发展的年龄特征

<table>
<tr><td colspan="2">查找的年龄段</td><td></td></tr>
<tr><td colspan="2">参考文献</td><td></td></tr>
<tr><td rowspan="4">相应年龄段的特点</td><td>动作</td><td></td></tr>
<tr><td>语言</td><td></td></tr>
<tr><td>认知</td><td></td></tr>
<tr><td>情感和社会性</td><td></td></tr>
</table>

二、查找并整理与幼儿保教相关的政策文件

在教育部等网站分工查找并下载与幼儿保教有关的政策文件，简述其中一个文件的主要内容，如表 1–2–3 所示。

表 1–2–3 政策文件及其主要内容

政策文件的名称	
下载的链接	
政策文件的主要内容	

三、结合案例理解幼儿发展的整体观

阅读所收集的幼儿行为观察案例，分析其中所体现的幼儿发展的整体观（也可参考右侧二维码中的案例），并填入以下的方框内。

幼儿行为观察的整体观案例参考

任务评价表如表 1–2–4 所示。

表 1–2–4　任务评价表

评价内容	评价要点	满分值	自我评价（40%）	小组评价（60%）
查找并复习幼儿心理发展的年龄特征	能找到并总结幼儿的年龄阶段特点（40 分）	40 分		
查找并整理与幼儿保教相关的政策文件	知道幼儿保教主要政策规范文件（12 分）	32 分		
	能找到并简述某一政策规范文件的主要内容(20 分）			
结合案例理解幼儿发展的整体观	能结合案例说明幼儿发展的整体观（28 分）	28 分		
总分		100 分		

说明：任务评价包括自我评价和小组评价，评价时应结合相应评价要点进行评价；小组评价一般由组长负责组织，并结合小组成员的意见进行评价；总得分精确到小数点后两位。

课后练习

一、思考与练习（40 分）

（1）一个完整观察的要素有哪些?

（2）环境刺激与幼儿外显行为的关系有哪些?

（3）幼儿行为观察的特点有哪些?

（4）如何理解幼儿行为观察的整体观?

二、实践活动（60 分）

以小组为单位，观察某一幼儿（限时 5 分钟），记录你所观察到的幼儿行为，总结你在记录幼儿行为过程中的感受，然后与小组成员的记录方式和记录结果进行对比，总结其他成员给你的启示，并将相关内容填入表 1-2-5 中。

表 1-2-5 观察记录与对比分析

要素	具体内容
幼儿基本信息	
记录幼儿的行为	
总结感受	
总结其他成员给我的启示	

注:“项目综合评价表”参见附录。

项目二

熟悉幼儿行为观察的过程与方法

项目二导入

项目导入

工欲善其事，必先利其器。

——孔子

对幼儿行为进行观察是从事幼儿保教工作的人员必须具备的专业能力之一，也是幼儿家长更好地对幼儿进行教养的途径之一。幼儿行为观察经过长期的发展，已经形成了系统的观察过程，陆续产生了多样的记录方法，以及对幼儿行为解释与分析的方法。熟悉幼儿行为观察的过程，掌握幼儿行为观察记录的方法，并能对幼儿行为进行合理的解释与分析，对幼儿行为的引导才能取得更好的效果。

学习目标

知识目标：

1. 熟悉幼儿行为观察的过程。
2. 熟悉幼儿行为观察的记录方法。
3. 把握不同类型观察资料的分析方法。

能力目标：

1. 能制订幼儿行为观察计划并制作观察报告模板。
2. 能选用幼儿行为观察常见方法完成幼儿行为观察记录。
3. 会对不同类型的观察资料进行初步分析。

素质目标：

1. 通过对案例相关内容的查找并对不同方法进行总结，提升信息收集与整理的能力。
2. 通过对幼儿行为观察过程方法的学习，具备科学的思考能力，理解方法的多样性，培养专业精神。

知识导图

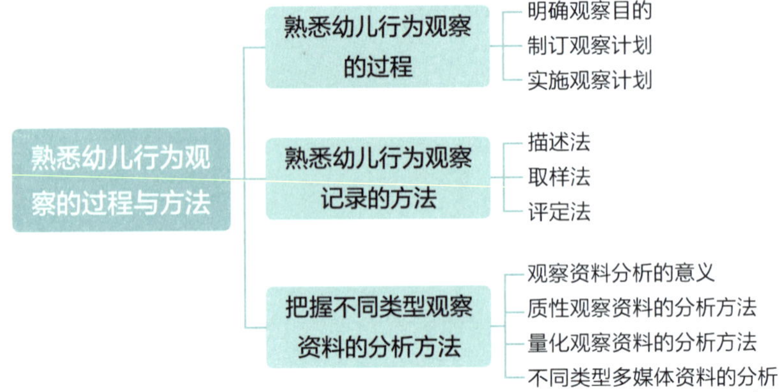
熟悉幼儿行为观察的过程与方法
熟悉幼儿行为观察的过程
明确观察目的
制订观察计划
实施观察计划
熟悉幼儿行为观察记录的方法
描述法
取样法
评定法
把握不同类型观察资料的分析方法
观察资料分析的意义
质性观察资料的分析方法
量化观察资料的分析方法
不同类型多媒体资料的分析

任务一　熟悉幼儿行为观察的过程

小安已经理解了幼儿行为观察的相关概念，也知道了一些幼儿行为观察的儿童发展理论与政策规范。她很想尝试对幼儿进行一次观察，但不知从何处着手，如怎么做计划、怎么实施计划、有哪些注意事项等，头脑里也会闪过一些想法，但感觉不成系统。

任务目标

通过举例分析幼儿行为观察过程中的相关概念，绘制幼儿行为观察的过程导图，熟悉幼儿行为观察的过程。

材料准备

笔、纸、幼儿行为观察案例（涉及场所与情境的部分可以为文字或图片）。

任务实施

▼ 步骤一　知识准备

一、明确观察目的

观察目的是关于将要观察什么和完成什么的表述，是观察者的全部意图。明确观察目的，可以避免遗漏重要部分和记录过多无关的现象。因为要观察一个人的行为，即使是幼儿的行为，也不可能了解他行为的全部意义。如果在进行观察记录时仅凭感觉进行观察容易错过幼儿的一些行为，因为幼儿的有些反应会瞬间结束；如果观察目的不明确，看到什么就记什么，往往容易顾此失彼，导致真正想要了解的行为并未被观察到，却记录了一大堆无关的内容。

观察目的应该比较宽泛，应该呈现观察者想要了解的幼儿发展领域。从宏观层面来讲，观察目的常常是了解一些幼儿行为的事实真相，从而提出合适的教育策略；也旨在通过对幼儿发展状况的了解而间接了解保教工作，或者对班级集体行为进行分析，又或者进行教育研究工作等。从微观层面来讲，观察的目的就是要弄清我们想要观察的是什么，想要了解幼儿的哪些行为，我们通过这样的观察要达到什么样的目的。但在进行观察之前，我们要将观察的目的转化成为具体的内容，由此，观察者才可以制订观察计划，列出观察提纲。例如，当保教人员发现一些孩子相对其他孩子进餐慢的情况时，就产生了想要通过观察了解班级中幼儿进餐情况的想法，这就是观察目的。通过这样的观察，保教人员可以了解班级幼儿进餐的具体时间、使用工具的情况等，在此基础上可以采取一些有效的措施，改变幼儿进餐的现状。

二、制订观察计划

为了达到观察目的，在观察前就必须先做计划，即对具体观察什么行为、什么时间观察、如何收集观察资料，以及观察记录的具体方法等做好策划，以避免观察收集资料错误或偏离要求。在制订观察计划时需要考虑以下几个要素。

（一）观察目标

观察目标是对所要观察的具体行为的陈述，是有方向、有范围地进行观察的前提，也就是观察的具体内容或主题。因为观察目的一般比较宽泛，为保证观察计划可实施，在观察目的明确以后，还需要将其转化为具体的观察目标。而幼儿是一个完整的个体，观察者不可能对幼儿行为的所有方面全部感知，如果观察者不清楚到底要观察幼儿行为的哪些方面，那么所感知的行为信息便会因为没有方向而显得零散，也就不能通过观察得到行为整体的意义。所以，具体的观察目标来自个别或多数幼儿行为中最凸显的问题，观察者必须对此加以了解，以确定具体将哪些行为作为观察目标，这样才能在进行观察记录、分析及评价的时候有迹可循，才可以根据具体问题制订观察计划，设计观察提纲。

观察目的出自观察者工作上的需要，观察目标也应该由观察者来界定。因为一般来说，要对幼儿进行观察，往往是因为我们所看到的或听到的关于幼儿的情况不能立即找出原因，于是便会收集更多的信息以了解或寻求答案，而这些方面的信息也就是观察的范围及具体内容。例如，有些幼儿进餐相对其他幼儿慢，如果没有进行专门的观察，我们不能确定幼儿进餐慢是偶尔的情况还是经常现象，是不是因为不能熟练地使用工具导致的，因此可以将观察记录哪些幼儿进餐超时，或者幼儿能否正确使用筷子进餐作为观察目标。

（二）观察对象

托幼机构保教的主要对象是幼儿，随着托幼机构的发展，其对象甚至可能是婴儿。在日常工作中，大多数时候保教人员可以根据专业知识及既往经验及时做出反应，但是在无法对幼儿出现的行为做判断时，就需要进行有计划的观察，这个或这群无法让保教人员下判断的幼儿便是引发观察的观察对象。

观察对象可以针对个人，也可以针对群体，观察对象在观察计划中被界定出来，才能使观察者资料收集的焦点集中于这个或这群对象，而不至于太分散，所以保教人员在进行观察之前应该先将观察对象界定清楚。观察对象是一个人还是一群人，这主要根据观察目的来界定的。如果想要了解的事实只是个别的现象，那么观察的对象就是某一个人。有时在班级中所发生的事情是群体现象，是大多数幼儿都可能具有的问题，这时所要观察的对象就是一群人。

（三）观察环境

进行观察时一定要有特定的观察环境，观察环境包括进行观察时的场所和情境。

1. 场所

场所是指包含实体的硬件因素，如空间和设备，以及个体可以利用的资源等。在幼儿行为观察中，最主要的场所在托幼机构中，具体包括其中的室外场地、活动室、寝室、走道、餐厅、盥洗室等，还有可能是在家庭或社区的某些场所。这些场所包含了供幼儿使用的各种设备或物品，如用于游戏的滑梯、用于饮水的饮水箱、用于睡眠的儿童床、用于建构游戏的积木等。

2. 情境

情境是指观察场所中与社会和心理有关的情况。观察的情境是自然情境还是人为情境需要事先规划，否则会造成观察者无法获取有效资料。例如，幼儿在进行的游戏的本质是什么，是适合互助合作的让幼儿积极参与的游戏，还是适合幼儿独自参与的游戏；保教人员鼓励什么样的活动；怎样的突发性事件会吸引幼儿的注意力，而使其改变或中断了原来的行为等。

3. 场所和情境的关系

观察需要一定的场所和情境，因此场所和情境虽然概念不同，但却具有关联性。

一方面，场所和情境之间具有一定的关联性。因为场所是物质的因素，情境是在场所中产生的，由此，场所就具有了物理和社会心理的特性。在不同的场所和情境中，人会有不同的反应，而不同的人也会形成不同的气氛。因此，我们经常将场所和情境统称为环境。这里的环境涉及地点、时间、人物，甚至是心理和物理的状况等。不同的地点、时间和人会决定或者影响人们的感知和行为，人与人之间的互动也会受到环境的影响。

另一方面，场所和情境之间的关系很难用一个统一的模式来解释。它们之间的关系有以下几种可能性：第一，场所和情境的关系固定，即有些场所比较有助于某些特定情境的产生，有些场所则不利于某些特定情境的产生，例如，游戏区有利于幼儿间的互动，集体教学中的互动则比较少；第二，场所和情境的关系不固定，即相同的场所可以制造不同的情境，相同的情境也可以在不同的场所发生；第三，幼儿在某个特定时间的行为受情境的影响比受场所的影响相对要大。

4. 幼儿行为观察中应明确的环境问题

观察环境是与观察目的及目标有关的，是影响幼儿行为观察的重要因素。因此，在制订观察计划时应明确以下问题：计划在什么场所观察，这些场所有什么特点；计划在什么情境中观察，这样的情境是否会影响幼儿的行为表现；观察者在什么场所对幼儿进行观察，与幼儿间的距离对观察的结果有什么影响等。

这里要特别说明的是，幼儿行为观察的目的是观察幼儿在自然状态下所产生的行为，但观察者在现场进行观察，而又不参与幼儿的活动，很可能会对幼儿的活动造成干扰，导致幼儿不能自然地展现出某些行为。因此，观察时也可以利用专用的观察室进行。所谓的专用观察室，是以单向玻璃相隔的两个房间。其中，较大的一间称为游戏室或实验室，提供幼儿活动的空间及玩具设施或实验情境，大部分铺上地板或地毯，有矮柜放置各种玩具或必要的设施，吸引幼儿展开活动；较小的一间称为观察室，供观察者通过单向玻璃观察幼儿的行为。为协助记录幼儿的行为，在游戏室的不明显处可以架设摄影机或录音机。专用观察室主要用于观察幼儿的自然行为，如游戏行为、同伴互动行为、师生互动行为等。但是也有的研究以观察室的设施来进行实验情境的行为观察，如测谎的研究、分享的研究等。

（四）观察取样

事实上要把观察对象所有的行为都收集到是不可能的，因为观察者不可能连续不断地对被观察者进行观察。因此，观察取样就显得十分必要。通过观察取样，既能收集到可以代表主题意义的重要行为，又可以用来简化资料收集的复杂过程。

观察取样最重要的目的在于收集与主题有关的行为信息，不凸显主题行为的时间或情境就不必做观察。在选择观察取样的方法时可以从两方面来考虑：一是观察时间的界定，二是观察事件的界定。也有些观察取样必须将事件与时间结合。一般来说这类观察的事件过程比较长，在该事件发生之时应立即以事件取样来记录，然后将事件中要记录的行为要点制作成观察记录表，根据时间间隔来进行记录。

（五）观察的时间和次数

1. 观察的时间

观察的时间是指每次观察特定的期限，具体是指在什么时候进行观察，一共观察多长时间。在有些观察中，每次观察时间是事先确定的，如时间取样法。有些观察不仅只记录行为出现与否，还需记录行为的持续时间。另外有些观察要记录刺激呈现后幼儿做出反应的时间。总之，时间是观察记录中很重要的一个指标。由于时间是一维的、线性的，因此具有直接可比性。

2. 观察的次数

观察的次数是指在观察过程中需做多少次观察，以及观察行为在一定时间内发生或重复的次数。重复观察多少次为宜，应以观察研究的精确程度而定。通常要观察的行为应是经常反复出现的行为，行为次数的多少往往反映了行为质量的不同程度或水平。一般来说，在相同条件下，观察次数越多，观察的精确程度越高。观察的次数与时间一样，也是一维的、线性的，因此也具有直接可比性。

观察记录的时间和次数构成了观察的日程，即观察中收集资料需要经过多长时间，它是指观察活动从开始至结束所需要的全部时间。观察的日程（观察的时间和次数）作为量化的重要指标，可用图表形式直接呈现观察结果，也因为相对客观，可避免定性分析可能引起的歧义。

（六）观察记录的方法

观察记录的方法贯穿于观察的全过程，客观的观察记录方法是获得正确结论的基础和保证。观察目的不同，观察记录方法会有所差异。每一种观察记录的方法都有其不同的特性、使用方式和优缺点，也就有其相对适合使用的特定情况。如果想要获得完整的、全方位的信息，就要重现观察时的情境，最好是用开放性的观察记录方法，即对行为表现及情境进行连续记录（文字或者录像等），尽可能保持原始信息，供以后反复观察、分析记录使用；如果观察目标明确、单纯，是事先确定的行为，则尽可能采用封闭性的观察记录方法，如采用等级、符号等记录频数的方法等。例如，日记描述法多用来记录幼儿所表现的新行为，行为检核法多用来记录行为出现的频率或等级。当需要长时间连续记录幼儿的行为时，为了记录的完整性，有时还需要利用现代化的设备，如录音、录像等方式将观察情况记录下来，再做书面整理。

（七）观察结果处理与分析的方法

处理和分析资料的过程就是观察者对所收集到的资料进行符合逻辑的思考，也就是理性思考的过程。因为之前所做的工作只是对观察对象资料的收集，要对所记录的幼儿行为得出结论，还要对所收集的资料进行解释，这样观察才会具有实际意义。由于所收集的资料通常是复杂、零散、琐碎的，所以观察者的理性思考必须有专业的理论知识及良好的分析技能作为支撑，才能对所收集到的资料进行快速的处理，并做出恰当的分析，进而得出有价值的结论。处理和分析资料的方法一般分为定性的分析方法和量的分析方法，即该观察如果多运用文字资料进行记录，往往采取质的分析方法，而如果运用表格、符号等进行记录，则通常采取量的分析方法。另外，图片、录音和录像资料在分析前需要先转化为质或量的资料。

三、实施观察计划

实施观察计划既要严格，也要灵活。观察者必须明确观察目的，严格按照观察计划进行。由于观察计划不可避免地存在不完善的地方，如果在观察过程中可以采用更好的方式，或当出现一些特殊事件时，应及时修订，以使观察计划顺利完成，取得更好的效果。

（一）材料与观察者角色的准备

1. 材料的准备

在观察活动正式开始之前，还需要准备好一些具体材料。

（1）设计及印刷观察记录的表格或者记录纸。观察记录需要结合观察目的和目标选择恰当的方法。记录方法有多种，包括描述法、取样法、评定法等，以及使用摄像、录音等方式的记录法。除使用摄像、录音等方式进行记录外，前面的几种记录方式都需要预先准备好记录的表格，并进行印制，然后才可以开始进行观察记录。

（2）笔。观察者可准备粗细程度不同的两三种颜色的笔，交替使用。粗细程度或颜色不同的笔可用来标记重要或需注意的部分，也可以随身携带几只以随时记录。

（3）计时工具。时钟、手表或秒表等，都是可用的工具。在有些观察法中，计时工具是必备的。例如，时间取样法要求必须在特定的时间内观察幼儿特定的行为表现。在做观察记录时，随时将记录的时间记下来也是必要的。

（4）影音记录工具。使用影音记录工具，如录音笔、摄像机、照相机等，除了能保留影音外，还能帮助观察者对所记录的内容进行再回顾、修正，避免结论偏差。这就需要观察者在观察前先要了解这些工具的使用方法，避免因操作不熟练而影响观察效果。

2. 观察者角色的准备

观察者与观察对象之间存在的互动关系是一种角色关系，观察者在其中的角色主要有 4 种类型。

（1）完全观察者。这种观察者完全不参与观察对象的活动，也不让观察对象知道自己被观察。例如，通过专用观察室进行的观察。

（2）观察的参与者。这种观察者的身份被观察对象知道，但其参与观察对象的活动仅限于外人的角色及观察时的一些必要互动而已，即观察者被接受的程度不深。

（3）参与的观察者。在这类关系中，观察对象不仅知道观察者的角色，而且也能接受其身份。观察对象不会因为观察者的出现，而导致出现压力或自我保护。因此二者之间有更多的互动，也会相互影响。

（4）完全参与者。在这类关系中，观察者不被观察对象知道，在表面上

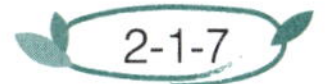

观察对象只知道观察者是他们中的一员。因为二者之间的互动要像伙伴一样真实和深入，所以观察者在观察之前必须与观察对象先建立关系。这种角色往往出现在社会学的研究之中。

结合幼儿的年龄特点，托幼机构中往往采用参与的观察者类型。但需要注意的是，当保教人员投入地参与到幼儿的活动中时，在观察中可能会遗漏一些重要的信息。

另外，如果观察者要进入其他托幼机构班级或幼儿的家里进行观察研究，还需要先联系托幼机构或幼儿家人；对于托幼机构，要严守机构进出规定；观察者需注意交往礼仪，打扮应以整洁大方为宜，无论观察的情境如何，都要注意言行举止，以便后续观察；为确保观察的专业性，应提前做好培训工作。

（二）客观地进行记录

在进行客观记录时，观察者要尽可能将观察对象的行为完整地记录下来，避免掺杂个人的主观偏见；尽可能利用可量化的指标进行记录；为增强观察的客观性，可以利用仪器设备进行观察记录；如果没有合适的仪器，可让两个以上的观察者同时观察记录，之后互相核对记录以达成共识；记录要及时、详尽，如果一时无法详细记录，应在记录表上做个记号，在观察结束时及时补记；当观察过程中对有关行为或现象产生新的看法或解释时，也可在记录表上用言简意赅的几个字做个小标注，以供日后分析时参考。

（三）及时处理与分析资料

1. 整理观察资料

观察记录结束后要及早对观察资料进行梳理，把信息补充完整，包括观察时间、地点、背景、观察对象基本信息等（包括年龄、性别、家庭背景等），形成完整的观察记录，避免原始资料价值的流失。如果有录音、视频等资料，还需要将其转录成文字，在转录成文字时需要尽可能把录音、视频里的每句话都详尽地记录下来，若记录内容里有肢体动作、表情、情绪、语调等，也需要以文字的形式记录下来。对初步整理的材料要做进一步的考虑，如所需的资料是否收集到了，是否有效，是否需继续观察等。如果观察内容比较多，观察周期比较长，观察者应及时地将资料进行分类归档，以便日后查阅。整理记录资料时，对于需要解释的内容，必须详细加以说明，以免时间久了会遗忘。

2. 阅读、分析观察记录

分析之前，须多次（至少两次）认真地阅读经过整理、补充的观察记录资料，熟悉观察记录的全部内容。阅读时需实事求是，尽可能排除对客观事实有影响的个人和主观因素。分析时根据观察目的寻找资料中所蕴含的脉络与意义，根据观察目的和需要，把相同或相近的资料放在一起，找出这些资料记录中幼儿行为的一致性或关联之处，及时开展记录文本资料的梳理和分析，做出价值判断，为下一步的观察和资料收集提供方向性指引。因为仅凭一两次的观察就展开分析，具有局限性，只有连续全面观察才能更准确深入地了解幼儿。一般来说，观察记录中的一个事件可能蕴含多方面的意义，可以从多个层面、多个角度去分析，这就需要根据观察目的和需要，进行选择与分类。

3. 呈现观察结果

在阅读和分析之后，需要以一种最清楚的方式，将观察的结果呈现出来，通常有文字报告式和图表报告式两种。文字报告式运用简洁或详细的文字语言来描述所观察到的结果，这种方式最为常用。图表报告式则通过一些简单的图形把所观察到的结果表现出来，如曲线图、直方图、饼式图、网络图及流程图等。

（四）提出教育策略或进一步观察的建议

基于观察资料和结论所提出的建议应该符合观察者的评价，并体现观察目的和目标。对幼儿行为进行观察应提供有利于设计和组织满足幼儿需要的活动的信息。教育建议主要涉及两个方面：一是对观察结果进行理性分析后计划采取的保教策略，如可以结合幼儿在不同领域的身心发展特点提出教育对策，也可以针对不同活动类型提出有针对性的策略，如建构游戏中如何提升幼儿的建构水平、角色游戏中如何提升幼儿的表征能力等；二是认为还需要进一步观察的内容。保教人员的指导策略常常需要通过长时间的观察，循序渐进地来调整。

（五）撰写观察报告

实施观察的最后一个环节是撰写观察报告。当观察者制订了观察计划，进行了客观的观察记录，通过结果分析提出了教育建议后，一篇完整的观察报告的主要内容就已经呈现出来了，只是还需要将其整理成文。一篇完整的观察报告需具备以下几个要素：观察背景信息、观察记录、结果与分析、教育建议和附录。其中，观察背景信息包括观察者、观察对象、观察时间、观察方法、观察目的、观察目标和观察环境，这是在进行观察之前制定好的。需要注意的是，为了保护观察对象的隐私，观察对象一般用代号或化名代替，而不显示其真名。观察报告最后可以附录的方式记录表格或一些需详细记录的内容。

（六）观察实施过程中的注意事项

在实施观察计划的过程中，有几个注意事项需再次强调。

1. 避免主观倾向

通过观察获得的应当是客观的事实，但观察者毕竟是具有主观性的人，观察者的主观感情色彩、思维定式或多或少都会影响对观察对象的观察。例如，保教人员的个人偏爱、保教人员的既往经验，或者他人的说法等都可能导致观察幼儿时的主观倾向。为了克服这种主观倾向，可以采取一些措施，如在观察中使用统一制定的表格，并对记录过程做出明确规定，要求观察者按照规定进行记录。也可采用观察者信度的办法，即针对同一观察目标，由不同的几位观察者分别来观察，以对比记录内容并获取基本一致的信息。

2. 尊重观察对象，并减少对观察对象的影响

尊重观察对象的人格和权利，是观察者的责任。无论观察对象是谁，观察者都要明白他们都是平等的个体，他们的需要和权利都应当受到尊重。观察活动使观察者和观察对象之间产生了联系，二者就可能会相互影响。如果观察者突兀地出现在观察对象身边，或观察对象被告知将会有人来观察他们，那么观察对象的行为极有可能受到影响，从而导致观察资料不符合实际情况。对于幼儿行为观察，幼儿在自然状态下的表现才是最真实的，无论是否参与到被观察者的活动中，观察者都不能干扰幼儿，否则记录只会流于形式。为避免对幼儿的影响，观察者可以利用摄像头等设备或到专门的观察室进行观察。如需参与到幼儿群体或组织中，也应尽量避免对幼儿造成干扰。

3. 观察资料的保护与合理利用

观察的原始资料和整理好的观察记录都应存档保存好，同时注意保护观察对象的隐私。观察资料的保护与合理利用具有如下意义。首先，幼儿的观察记录资料就是幼儿的成长档案，能帮助保教人员全面、动态地了解幼

儿学习和发展的过程，也能在日后需要重温、分析和解释幼儿的发展时提供依据并进行查找、核实。其次，幼儿的观察记录资料可以作为保教人员与幼儿、同事、家长分享的重要资料。将记录了幼儿积极学习体验的学习故事进行分享、回顾，能拉近幼儿、保教人员、家长之间的距离，发展幼儿、保教人员、家长之间良好的互动关系。最后，观察记录资料的分享有助于更客观、全面、准确地了解幼儿。例如，与幼儿分享，可以倾听幼儿的心声；与同事分享，可以了解同事对幼儿的看法；与家长分享，可以获得家长对幼儿的评价。从多维度和多视角确定并核实所观察到的情况，保教人员能获得更全面、更准确的幼儿真实情况，以提出针对性的教育建议。

▼ 步骤二　活动实施

幼儿行为观察过程中的相关概念案例参考

一、理解观察目的、观察目标与观察对象的概念

举例说明“观察目的”和“观察目标”的概念，并说明其中的观察对象是个人还是群体，并填入表 2-1-1 中。

表 2-1-1　观察目的、观察目标和观察对象举例

术语	举例
观察目的	
观察目标	
观察对象	

二、理解观察环境中的概念

举例说明场所和情境的概念及二者间的 3 种关系（可文字描述，也可拍照说明），填入或贴图至表 2-1-2 中。

表 2-1-2　观察环境中的概念举例

概念或关系		举例
场所		
情境		
场所和情境的 3 种关系	关系 1：	
	关系 2：	
	关系 3：	

三、绘制幼儿行为观察的过程导图

请绘制幼儿行为观察的过程导图（可绘制后粘贴在下方）。要求：包括明确观察目的、制订观察计划及实施观察计划等步骤，至少绘制至1级标题，形式不限。

任务评价

任务评价表如表2-1-3所示。

表2-1-3 任务评价表

评价内容	评价要点	满分值	自我评价（40%）	小组评价（60%）
理解观察目的、观察目标与观察对象的概念	能举例说明观察目的和观察目标的概念（12分）	18分		
	能通过案例说明观察对象的概念（6分）			
理解观察环境中的概念	能举例说明场所和情境的概念（12分）	42分		
	能举例说明场所和情境的3种关系（30分）			
绘制幼儿行为观察的过程导图	能完整绘制幼儿行为观察的过程导图（30分）	40分		
	形式有创新，字迹工整（10分）			
总分		100分		

说明：任务评价包括自我评价和小组评价，评价时应结合相应评价要点进行评价；小组评价一般由组长负责组织，并结合小组成员的意见进行评价；总得分精确到小数点后两位。

任务二　熟悉幼儿行为观察记录的方法

任务情景

小安已经从整体上熟悉了幼儿行为观察的过程，也大致了解了幼儿行为观察记录的方法，如描述法、取样法和评定法等，但是对于各种记录方法的具体特点、适用性，她还难以很好地把握。

任务目标

通过总结与对比，掌握幼儿行为观察记录主要方法的优缺点、适用性。

材料准备

笔、纸、不同观察记录方法下的幼儿行为观察案例。

任务实施

▼ 步骤一　知识准备

一、描述法

（一）日记描述法

1. 定义

日记描述法也被称作日记式记录法，就是运用如同写日记的方法，对幼儿的行为进行观察和记录，需要针对个别幼儿或群体进行长时间、反复的记录，以收集幼儿成长及发展的数据，着重于记录观察对象出现的发展性变化。

2. 分类

虽然运用日记描述法观察和记录的都是幼儿成长和发展中的新行为，但也有两种不完全相同的类型。

第一种是主题式日记描述法。这种方法通常观察记录的是幼儿发展领域中某个方面的新行为，如认知行为、语言行为或情绪行为等。主题式日记描述法是只在幼儿有这一方面的新行为出现时才进行记录，其他新行为即使出现也不进行记录。

第二种是综合式日记描述法。所谓的综合式日记描述法，是对观察对象发展过程中各方面具有里程碑意义的新行为均进行记录，也就是说只要新行为出现，无论是哪一方面的新行为都进行记录。在运用综合式日记描述法的过程中，观察者要尽可能有次序地记下所有有关新行为出现的事情。

3. 优缺点

（1）优点。一是较为翔实，能够将幼儿的真实行为表现充分地记录下来；二是有广度，包括了幼儿行为发生时的情形，以及后续的行为，显示了其发展的过程，也有利于对幼儿行为性质的定性分析；三是具有永久性，记录的内容不仅当前可用，还能与幼儿日后的情况，或是和其他的观察资料，如发展的常模进行比较；四是能进行个别化运用，在个案研究方面运用更为方便。

（2）缺点。目前在教育研究中较少被运用，主要原因是需要长期对观察对象进行观察，需要观察者与观察对象之间保持亲密的关系并长时间接触，时间长达数周、数月，甚至数年，因此观察者一般都需要是幼儿最亲近的人，如家长或亲友；所选择的幼儿往往都受过良好教育，观察的结论具有偏向性，由于样本太少，结果也缺乏普遍性，难以得出有价值的推断；一对一的观察与记录会耗费较多的时间、人力和物力。

4. 适用性

目前，日记描述法在托幼机构中较少被运用，但在个案研究时还是会用到。当然也有家长运用日记描述法对孩子的行为进行记录。对于一些比较特别的孩子可以进行个案研究，例如，有语言障碍的幼儿通常不能很好地沟通，往往就需要通过日记的方法来记录大量的资料，以此发现幼儿真正的内心世界。有相关知识背景的家长，也可以对自己孩子的行为加以记录，来更好地帮助孩子成长。

无论是因为哪种情况运用日记描述法，除真正地记录幼儿的行为之外，还要注意，记录时不要太琐碎，要将真正与幼儿有关的行为记录下来。同时，记录时应采用更为方便的方法，包括利用录音机、摄像机等设备，这样能帮助观察者更全面仔细地记录下儿童的每一件事情，并且加以保存，以便日后的运用和再分析。

2-2-2

陈鹤琴日记描述法记录选段

第69星期（第478天）：今天他玩一个木球滚到椅子下面，他就跪下去拿，不过椅子下面的挡板把他挡住了，他拿不着就喊了起来，叫人来拿，但是没有人去帮他，后来他爬到没有挡板的一面拿到了。

这里可以证明他的智慧已经发展得很高了。从前他拿不着东西就喊叫，并不能想出第二个办法来对付它，现在一个方法不成就想出第二个来，第二个不行又想出第三个来，当儿童智慧已经发展到这种地步的时候，做父母的不应当事事代他做，以免阻止他智慧的发展。

（二）轶事记录法

1. 定义

轶事是指独特的事件，也可以是观察者非常感兴趣的、有意义的事件。轶事记录法就是观察者将自己感兴趣的，并且认为是有价值的、有意义的幼儿行为，以及可表现幼儿个性的行为事件，用叙述性的语言随时记录下来，供分析幼儿行为所用的方法。

和日记描述法不同的是，轶事记录法并不注意单一幼儿或群体，往往不受限于新行为，只要观察者认为是值得记录的内容，无论什么行为或什么时候发生，都可以记录下来。同样一件事情，在甲幼儿身上也许是非常平常的事情，但是发生在乙幼儿身上就是一个值得记录的内容。

2. 记录的内容与要求

（1）记录的内容与主题。完整的轶事记录包括轶事的开始、进展和结尾这三部分内容：开始部分需要对事件发生的情形进行详细介绍，进展部分需要对事件发生的具体过程进行客观记录，结尾部分需要对有关事件的结果进行准确描述。有时轶事记录法的内容是有主题的，观察者对幼儿某一个特定的发展领域有兴趣，因此只用记录和这一领域有关的事件。例如，观察者想要研究幼儿模仿成人的行为，他可能就要去观察幼儿会模仿成人的哪些行为、如何模仿及如何表现这些行为。有时轶事记录法不是对幼儿某一个特定的发展领域进行记录，而是对一些特别的幼儿做轶事记录，以此积累一些行为事件，以便日后分析。当然，也会有观察者只是记录幼儿在一段时间内发生的事，以记录某个发展阶段的幼儿行为。

（2）记录用词的要求。记录时在用词上要做到描述具体、清楚明了、通俗易懂。描述具体是指在记录事件时要尽可能地细致一些，避免抽象概括和主观判断；清楚明了是说观察者所做的轶事记录不仅要让自己能够回忆起当时事件发生的具体经过，也要让阅读轶事记录的人看得懂，能够通过记录了解当时的情况；通俗易懂是要求观察者在记录中用词尽量平实，避免因一些修辞手法、文学语言的运用导致记录生涩难懂。

3. 优缺点

（1）优点。一是简便，无须编制观察记录表格，设置特定情境、范围或事件，当事情发生了，可以随时随地进行记录；二是详细，记录的资料清晰，能提供幼儿行为发生的前后关系，说明行为的背景及情境，如果观察者要根据这些记录做任何推断或解释，则无须再做客观的叙述，有助于针对性地进行教育干预；三是具有长久性，观察者观察记录了幼儿的个性特征、成长和发展，所记录的资料能为其他人员提供孩子先前发展情况的信息资料，日后可用来进行前后比较。

（2）缺点。一是记录可能带有偏向性，因为有选择的记录行为往往受观察者认为是有意义的偏好的影响，若再受现场记录条件的限制，记录有可能为事后补记，就容易因记忆不清或主观倾向造成偏差；二是分析有效性弱，因为轶事记录法在记录时运用的是比较简练的语句，同样的语言文字，记录者和阅读者在理解上也可能不完全一致，一些不恰当的文字记录，会导致阅读记录的人对幼儿的行为产生错误的解释或价值判断，真正想要有效地使用也不是一件很容易的事。在使用轶事记录法的过程中，如果不是经常出现的行为，就要有进一步的解释或推论，但是这种行为是否常见或不常见，就需依靠观察者敏锐的判断力了。

4. 适用性

轶事记录法因为是针对某个特殊事件做迅速、正确和详细的描述记录，方法较为简单，所以通常被托幼机构采用，尤其是保教人员在接受新班的时候，一般一开始就会运用轶事记录法。如果保教人员能持续地记录整个学期或学年的话，就能积累幼儿在哪些方面有所改变、在哪些方面还需要改进的资料。

需要注意的是，在运用轶事记录法时要尽量避免其不足。想好了为什么而记录，是运用轶事记录法的前提。因为在观察幼儿的同时需要照顾全班幼儿，所以日常最好准备一些纸和笔，可以在衣服口袋或周围架子上放些小纸条、卡片等，以便及时进行记录；在记录时，一定要按顺序记，且要记录重点人物的基本动作和语言，以及当时的情境中其他人与观察对象的交往情况，尽可能运用正确的词汇和文字；如果不能记下当时所发生的每件事情，就先记下重要的句子，以引号的方式标明，之后再补充完整。

（三）实况详录法

1. 定义

实况详录法也称为描述性记录、连续记录、流动性记录，是观察者在一段时间持续不断地、尽可能记录被观察对象所有的行为动作表现，然后进行分析的一种方法。观察者的主要目的在于取得没有经过推断、解释或评估，并且是详细而客观的行为记录。记录的内容包括被观察者本身，或被观察者与他人互动时所做的每一件事和所说的每一句话，以及被观察者所处的环境等。

2. 优缺点

（1）优点。一是内容详细，观察者完全是以描述性的方式去记录，而不只是以概括性的方式做推断，对行为的记录非常详细，而且其对行为发生时的背景情景和场所，以及行为发生的先后顺序，都有很详细的记录；二是操作简单，除需要详细记录外，不需要事先预备观察表格、符号记录表或其他的工具，也不需要任何特殊的语言或专门性的术语，只要情境适合，随时都可做记录；三是观察人数不受限制，既可以对单一幼儿的行为进行记录和分析，也可以同时对幼儿群体进行记录。

（2）缺点。一是需要观察者集中精力，把观察对象的每一个动作、表情、语言毫无省略地记录下来，花费精力和时间较多，快速进行记录使观察者极易疲惫，从而会影响记录质量；二是对观察者的观察能力和文字表达能力要求较高，因为只有合适的描述才可以使阅读资料者真切地感受到所发生的事情，否则会产生很多歧义；三是资料处理相对难，这是记录信息全面、内容多而细导致的，如果想要立即获得被观察者具有代表性的行为，这种观察法是很没有效率的。

3. 适用性

如果观察的目的是要尽可能获得完整的记录，实况详录法是比较适合的。如果条件允许，最好使用录音机或摄像机等仪器设备来协助进行，以减轻观察者的负担。在托幼机构，实况详录法经常被使用在对课程的评价上，有一些观察者在刚开始使用实况详录法时，往往会有一定的困难，需要不断提升观察记录的能力。

（四）样本描述法

样本描述法是一种详尽地、连续地、对顺序性的行为及当时的情境加以描述的方法。进行样本描述的观察者，必须根据一些已决定好的标准去观察、记录他们计划看见的所有事情及行为发生时的状况，且观察者不能参与活动。

样本描述法在运用时需要注意的方面和实况详录法类似，在运用时可以参照实况详录法的内容。其与实况详录法的明显不同是：实况详录法是以叙述性的、说故事的方式将幼儿当时发生的行为观察记录下来，不属于这一时间范围的内容就不予记录；样本描述法的记录必须有预先设定的标准，也就是要预先想好需要观察记录幼儿哪一方面、哪一些行为表现，其记录看起来比较像是一出戏的脚本，地点和动作都以适当的顺序出现，也允许其他人做自己的判断。

轶事记录法与样本描述法的明显不同在于：轶事记录法是观察者对感兴趣的、有意义事件进行及时的记录；样本描述法是事先已经决定好了要观察记录哪一方面的内容，然后再进行观察记录。

样本描述法观察记录案例

观察对象：月月（女孩，4 岁 5 个月）　　观察环境：月月家，室外

观察时间：× × 年 × 月 × 日，下午 3：40—3：50

观察记录：

月月恳求妈妈带她到邻居家找小姐姐玩，但是月月妈妈不同意，并让她回屋里去玩。当月月和妈妈争论时，月月的表弟小亮（18 个月）正在院子里玩。

小亮手里拿着一只小塑料水桶，这只塑料水桶原本是月月妈妈从月月手里拿下来给小亮的。塑料水桶里有一些小玩具，小亮边摇动水桶边咯咯地笑。

月月走过去开始捶打小亮的腿和背，当月月走向小亮时，小亮似乎已经知道了月月要干什么。他蜷缩起身子，对月月而言，似乎打小亮已是很平常的事情了。

月月不停地打小亮。她每打他一下，他就小声地哭，最后开始大哭起来。

看到小亮真的大哭了起来，月月就离开了他，边走边说：“我就打你，我就打你。”

二、取样法

（一）时间取样法

1. 定义

时间取样法就是以一定的时间间隔为取样标准，来观察记录预先确定的行为是否出现，以及出现次数的一种观察方法。它不必详尽地描述、记录被试者的行为表现，只需在预先规定的时间段里，观察记录确定的行为发生与否、发生的次数及持续的时间。也就是说，观察者必须在观察的一开始就做推断或解释，决定是否要记录该行为，即是否将那个行为归在预先确定需要观察的行为类别中。这里的时间间隔有两种：一种是规律性间隔，另一种是随机性间隔。

2. 步骤

运用时间取样法记录时，可以遵照如下步骤进行。

（1）确定观察的总时间。

（2）确定每次观察的时间段。

（3）对观察内容下操作性定义，即对观察的特定行为进行分类和说明。

（4）设计和编制记录表格。以符号形式对某项行为出现的次数进行记录，可以采用打“勾”、画“正”等形式记录行为出现的频数。

（5）实时观察，做好记录。

（6）最后阅读和分析观察资料，得出研究结论。

3. 优缺点

（1）优点。一是记录省时省力，因为时间取样法所观察的内容和所需的时间都是事先设定好的，加上使用事先设计好的符号记录表，观察者可以在短时间内收集大量的资料，特别是在对群体进行观察时更是如此；二是资料信度高，因为观察内容、时间、记录表等相对确定，可以减少不同观察者之间的主观偏差，提供更具有代表性和可信度的资料；三是可结合不同的记录技巧，如它可以在使用符号的同时进行文字记录；四是统计方便，因为时间取样法主要使用符号进行记录，量化的资料更方便提供量化的结果。

（2）缺点。一是该方法限于研究出现频率较高的外显行为，对于发生频率相对较低的行为，或者对于一些内在的、隐蔽的行为，如幼儿关于同情、成功、失败等的行为，则不宜采用本法；二是难以获取行为的详细资料，因为采用符号进行记录，只能获取行为的频次信息，难以呈现行为的具体内容、行为间的顺序或其他关系，以及行为的变化情况。

4. 适用性

由于采用时间取样法进行记录缺乏连续性、背景的完整性，以及取样时间的自然性，观察者也无法按照行为发生的原貌处理资料，所以它主要用来测量行为发生的频率，不研究或很少用来研究行为发生的原因。如果需要研究更为详细的内容，就必须结合其他记录方法，如与开放性的实况详录法或事件取样法合并使用。

对点案例

时间取样法观察记录表案例

要观察某班幼儿吮吸手指的人次，就可以选择时间取样法进行记录，如表 2-2-1 所示。

表 2-2-1 托（1）班幼儿吮吸手指动作记录表

序号	日期	开始记录时间	结束记录时间	发生吮吸手指行为的人次
1	11 月 14 日	上午 10：00	上午 10：15	√
2	11 月 14 日	下午 3：00	下午 3：15	√√
3	11 月 15 日	上午 10：00	上午 10：15	√
4	11 月 15 日	下午 3：00	下午 3：15	√√√
5	11 月 16 日	上午 10：00	上午 10：15	√
6	11 月 16 日	下午 3：00	下午 3：15	√
7	11 月 17 日	上午 10：00	上午 10：15	√√
8	11 月 17 日	下午 3：00	下午 3：15	√
9	11 月 18 日	上午 10：00	上午 10：15	√
10	11 月 18 日	下午 3：00	下午 3：15	√√

在表 2-2-1 中，观察者可以了解到有多少人次幼儿在规定时间段内有吮吸手指的行为，以及该行为发生是否比较多。如果要了解班级中具体某个幼儿吮吸手指的行为，可以针对该幼儿进行记录，或者在表 2-2-1 右侧备注幼儿的姓名。

（二）事件取样法

1. 定义

事件取样法是在自然情景中，约定将某一特定事件的发生作为取样标准，当事件出现后立即记录下来，从而进行观察记录的一种方法。这里所说的“事件”，是指可以归类于某个特殊范围的一些行为，因此在记录时需要明确所要研究行为的一般性质，以便能准确地辨认这些行为是否发生。记录内容可包括行为发生的背景、发生的原因、行为的变化、行为的终止与结果等。

2. 优缺点

（1）优点。一是简便，可以选择幼儿任何一种行为事件进行观察，如吵架、社会性互动或依赖行为等，只要等到幼儿行为发生就可以记录了，不像时间取样法要严格受限于行为发生的频率；二是相对详细，对行为及事件发生、变化、终结的情境可以有较为详细的描述，将文字记录和符号记录的方法结合使用，具有符号记录法的及时性及文字记录的相对完整性。

（2）缺点。一是缺乏稳定性，因为不同的情境下可能发生相同的行为，相同的行为可能具有不同的性质，应特别注意记录与分析事件发生的情境，如幼儿的“哭”可能是真哭，也可能是扮演的“哭”；二是完整度不足，因为事件取样会中断行为的连续性，与事件发生有关但时间上相隔稍远的内容，可能记录不到，但过去的事情可能正是导致该事件发生的原因；三是分析会稍有些烦琐，因为事件取样法经常会伴有文字描述的记录，和时间取样法相比，分析就难免会烦琐一些。

3. 适用性

虽然事件取样法和时间取样法相比，比较适合于不太经常发生的行为，但这只是针对时间取样法不能低于 15 分钟出现一次的行为而言的，如果是偶尔发生的事件，同样不适合事件取样法。事件取样法因为是特定事件发生了才进行记录，如果采用了符号记录的方法，则属于封闭性的方法，如果观察者需要详细而完整的行为和背景资料的话，就不适合采用事件取样法。

三、评定法

描述法主要运用文字记录，取样法运用到了文字记录和符号记录，两者各有其优缺点。为了使记录更简便，统计更方便，人们采用了另外一些更为简便的方法来进行观察记录，如评定法。评定法主要包括行为检核法和等级评定法两种，它们的共同点是观察者不仅要观察，而且还要对所观察到的行为做出评定或判断。

（一）行为检核法

1. 定义

行为检核法又称为清单法、检测表单法等，是指将一系列行为项目进行排列，并标明关于这些项目是否出现的两种选择，供观察者判断后选择其中之一并做出记号的观察记录方法。记录的方式一般是二选一，为“有”或“无”，或者为“是”或“否”，以此来提醒观察者观察预定的行为。为便于收集需要的信息，在使用此法前需要做非常仔细的准备工作，特别是要预先确定将哪些行为作为观察项目，这些行为项目又具体包含哪些内容。

2. 优缺点

（1）优点。一是简便易行，能够让观察者快速、有效地记录行为是否出现，可综合、可比较，而且还可做量化处理，能节省观察者的精力和时间；二是可进行发展性比较，既可以用来诊断幼儿身心各方面的发展状况，也可以用来测量教育干预后产生的效果，可以将干预前后的表现进行比较；三是可与其他方法综合使用，如时间取样法和事件取样法往往是与行为检核法有交叉的。

（2）缺点。行为检核法最主要的缺点，在于它只是对行为是否发生进行记录，至于这种行为在什么情况下产生、如何产生，以及行为如何发展等，如果不与其他方法配合使用，并没有记录用来说明行为发生的情节和背景资料。因此，在运用这种方法时，需要依据观察目标，谨慎地配合其他记录方法，以弥补行为检核法的不足。

3. 适用性

行为检核法对托幼机构保教人员或其他观察者来说是相当方便的，可以不受时间和情境的限制，无论是幼儿的进餐、午睡、学习活动，还是自由活动都可以随时进行记录。保教人员还根据本园、本班幼儿的具体情况与要求，自制行为检核表，对幼儿的行为表现做出观察记录，并将教育干预前后的表现进行比较。有的行为检核法还常伴有某些特定的指示语，要求幼儿从事一系列任务，可用于记录幼儿是否能表现一些被要求的行为，这时的检核表就成为一种测验。

（二）等级评定法

1. 定义

等级评定法是对被观察者进行观察后，对其行为表现所达到的水平进行评定，并可判断行为质量高低的一种方法。这种方法不仅能使观察者了解行为是否发生，还能了解该行为发生的程度、频率如何。

2. 类型

等级评定法在具体使用的时候，根据量表的不同设计方式，主要可以分为以下几种不同的类型。

（1）数字等级量表。这种量表是使用定义好的序列数字来表示被观察者某一行为的不同程度或类型，常采用三点、五点或七点计分的方式，观察者根据观察结果选择与幼儿行为最匹配的数字进行记录。例如，在幼儿的某一行为表现中，数字“3、2、1”分别表示“强、一般、弱”等。

（2）图形量表。这种量表是用一条横线来表示一个行为的程度，在横线上从左到右，依次表示行为表现由高至低或由低至高的不同程度，与数轴有些类似。例如，幼儿发脾气的次数的程度，从高至低可用“总是—常常—偶尔—很少—从不”的横线图来评定。

（3）标准化量表。这种量表是观察者根据量表呈现的标准，判断幼儿的行为表现属于哪一种类型。例如，幼儿的言语水平，分为“优秀、良好、中等、差”4个等级。

（4）累计点数量表。这种量表是观察者先对幼儿的行为进行评分，然后将各项分数相加得到总分，以此来评定幼儿的行为。如果行为中有正向描述和负向描述，计算总分时应将正向描述的得分减去负向描述的得分。

（5）强迫选择量表。这种量表在使用时，就是不管描述项中是否具有完全符合幼儿行为的选项，都需要在一系列描述性短语中选择最符合幼儿行为表现的一项描述。

3. 优缺点

（1）优点。一是较为简便，因为只用数字、记号等来表示所要记录行为的程度水平，便于观察者快速掌握，分析统计也较为方便，且能节省人力和物力；二是便于核查个人感知和现实之间的一致性，也就是可以在观察评定后再通过观察进行确认，尤其是可以和时间取样法配合使用，如果两者所得结果近似就没有问题，如果两者差异过大，则需要调整方法；三是便于比较个别差异，通过评定表可以直接比较幼儿之间的不同，以此进行差别化教育。

（2）缺点。一是客观性不足，原因主要有：观察者对观察对象及其相关人有原先印象，观察者在使用评定表时倾向于中间级别的评定，观察者对评定表理解不当，多名观察者之间对评定表有理解不一致的问题，评定表本身术语不清，受社会倾向性的影响等；二是无法了解因果关系，因为等级评定法和行为检核法一样，只是记录了行为的等级，并没有具体语言的描述，更没有行为发生的情境，以及行为发生的原因，所以详情未知。

4. 适用性

等级评定法提供了快速、方便地概括出观察印象的途径，因此，在观察活动中运用较多。因为等级评定法在观察前需要界定所要记录的行为项目，所以这种方法的选择性程度极高。无论是对幼儿的一日生活各环节行为表现的观察，还是对师幼关系、幼儿各方面能力等的了解，都可以运用此方法。

▼ 步骤二　活动实施

幼儿行为观察记录案例参考

一、结合案例理解 3 类观察记录法

结合所收集的案例（或参考本任务中的案例），指出每个案例中的观察时间、观察次数、观察日程、观察记录方法，并填入表 2-2-2 中。

表 2-2-2　结合案例理解 3 类观察法

<table>
<tr><th colspan="2" rowspan="2">内容</th><th colspan="3">案例</th></tr>
<tr><th>案例 1</th><th>案例 2</th><th>案例 3</th></tr>
<tr><td colspan="2">观察时间</td><td></td><td></td><td></td></tr>
<tr><td colspan="2">观察次数</td><td></td><td></td><td></td></tr>
<tr><td colspan="2">观察日程</td><td></td><td></td><td></td></tr>
<tr><td rowspan="2">观察记录方法</td><td>方法名称（描述法、取样法、评定法）及其包含的具体观察记录方法</td><td></td><td></td><td></td></tr>
<tr><td>本案例采用的观察记录方法</td><td></td><td></td><td></td></tr>
</table>

二、结合案例探讨观察记录方法的优缺点和适用性

阅读所收集的案例，或者结合所给的案例，探讨案例所体现的相应观察记录方法的优缺点及适用性，并记录在下方方框中。

任务评价

任务评价表如表 2–2–3 所示。

表 2–2–3　任务评价表

<table>
<tr><th>评价内容</th><th>评价要点</th><th>满分值</th><th>自我评价(40%)</th><th>小组评价(60%)</th></tr>
<tr><td rowspan="3">结合案例理解 3 类观察记录法</td><td>能给出各案例的观察时间、次数、日程（18 分）</td><td rowspan="3">52 分</td><td rowspan="3"></td><td rowspan="3"></td></tr>
<tr><td>能给出各案例的观察法的类别及其包含的具体观察记录方法（22 分）</td></tr>
<tr><td>能说明各案例的观察记录方法（12 分）</td></tr>
<tr><td rowspan="2">结合案例探讨观察记录方法的优缺点和适用性</td><td>能结合案例说出对应观察记录方法的优缺点（24 分）</td><td rowspan="2">48 分</td><td rowspan="2"></td><td rowspan="2"></td></tr>
<tr><td>能结合案例说出对应观察记录方法的适用性（24 分）</td></tr>
<tr><td colspan="2">总分</td><td>100 分</td><td colspan="2"></td></tr>
</table>

说明：任务评价包括自我评价和小组评价，评价时应结合相应评价要点进行评价；小组评价一般由组长负责组织，并结合小组成员的意见进行评价；总得分精确到小数点后两位。

任务三　把握不同类型观察资料的分析方法

任务情景

小安已经熟悉了幼儿行为观察的整体过程与记录方法，也能结合理论对幼儿行为进行一定分析，但她认为对于不同类型的观察资料应采用更有针对性的分析方法。

任务目标

通过对质性、量化、多媒体等不同类型幼儿行为观察资料案例的分析与讨论，把握不同类型观察资料的分析方法。

材料准备

笔、纸、幼儿行为观察录像。

任务实施

▼ 步骤一　知识准备

一、观察资料分析的意义

分析资料是指根据研究目的，对所获得的资料进行系统化、条理化处理，然后用逐步集中和浓缩的方式将资料反映出来的过程，其最终目的是对资料进行意义解释。

在一份完整的观察记录中，对观察记录的分析常常附在客观记录之后，可以说这部分是对客观观察资料的主观分析，体现了观察者对观察记录的洞察和反思。因为分析是一个主观的过程，会受到观察者自身的背景、经历、经验水平、兴趣和价值观等多方面的影响。不同观察者可能对同一件事情的记录差异不大，但是对记录的分析可能不尽相同。个人的表面行为是复杂多面的，不易很快地看出意义，就像有些大人会以“捣蛋”“孩子气”等词汇来形容幼儿的行为，只有经由客观的观察及分析，他才会知道那些行为背后的原因。只有经由资料的深入分析才可以帮助观察者找到客观事实的证据，从而做出进一步的解释。通过总结行为的主要特征，常有的习

2-3-1

惯行为就能显现出来，观察者就能对幼儿的行为由浅至深地进行理解。幼儿行为有一定的规则可循，如某种行为因其习惯性而重复出现，也有根据因果关系而依序出现，同时这些行为也有其目的性。通过对观察记录进行分析，能指导观察者在透彻了解幼儿行为发展的基础上，更好地改进自己的教育教学实践，提高教育教学水平。可见，对观察记录的分析是体现观察者反思和经验水平的镜子。

二、质性观察资料的分析方法

（一）质性观察资料分析的基本要求

观察记录资料，尤其是用质的观察方法所记录下来的资料，可能会有几十页甚至几百页，分析这类资料相对复杂。同时，在记录过程中，遗漏、重复、前后颠倒等也是经常会发生的事情。因此，将观察记录的资料收集起来以后，需要对其进行分析，分析的基本要求如下。

1. 与资料整理同步进行

分析和整理资料看似是两个应该分开进行的环节，但在实际操作中很难将这两个环节完全分开，也就是说，二者通常是同步进行的。因为整理资料以一定的分析为基础，在整理资料的过程中，我们面对的是活生生的行为观察的内容，不可能对其中的内容视而不见，其过程本身就是一个初步的分析过程。通过对资料一步一步地整理，我们能逐渐接近被观察者的真实状态。

2. 及时进行

在对被观察者的行为进行观察记录之后，首要任务是及时对资料进行整理和分析。这不仅能使观察者对已经收集到的资料有一个比较系统的把握，还可以为观察者进行下一步的资料收集提供依据。整理和分析越早进行越好。如果不及时进行，资料会越积越多，观察者将更加难以下手，而且可能会失去原本计划下一步要观察的方向，导致所记录的资料不能发挥最大效用。当然，在观察记录以后，还需要留些时间厘清整理资料的思路，但是这个过程的用时不宜过长。

（二）质性观察资料分析的主要过程

质性观察资料的分析，是将行为的复杂面以所登录标签的方式将主题意义摘录下来，使得与主题有关的行为的意义被滤除。将从纷繁复杂行为现象中抽离出来的重点，即分析得到的标签和重点类目，再放回事实现象中去理解，从而发现标签或重点类目之间的关系，就是对行为意义的解释。

1. 设定标签

幼儿行为观察的标签是指以观察幼儿的主题行为来思索适当的意义，将有关主题的行为意义以简短易懂的文字进行摘录，所用词汇应在主题的意义范围之内。例如，“幼儿同伴互动行为的观察”可能产生的标签有助人、分享、告知、告状、支配、炫耀、闲聊、冲突、合作、请求、排斥与欺负等，如表 2–3–1 所示。

表 2–3–1　幼儿同伴互动行为及其解释

标签	幼儿同伴互动行为的解释
助人	幼儿看到同伴遇到困难，主动开启不期望任何回报的以改善他们不利环境为目的的行为
分享	幼儿与同伴共同享用某种资源，而使得同伴获益，包括经验的分享和物质的分享
告知	幼儿把自己了解的信息告诉同伴，使同伴知道
告状	幼儿认为自己受到同伴的侵犯或是发现同伴的某种行为与幼儿的集体规则、教师的某项要求不相符合时，而告诉教师或其他成人的行为
支配	幼儿在与同伴的互动中针对对方发出的旨在影响、约束、改变、领导他人的行为或控制某种资源的行为
炫耀	幼儿为了引起同伴的关注或注意而向同伴夸耀或显示自己或自己的物品的行为
闲聊	幼儿间轻松随意的闲谈，包括分角色、有目的的聊天，以及与主题不明确的闲扯
冲突	幼儿与同伴在互动过程中因双方言语、看法或意见、目标、手势动作、行为表现、需求与利益不同而引发的争执对立的情景
合作	幼儿与同伴共同完成某项任务或为了共同的目的而一起游戏与活动
请求	幼儿向同伴提出要求，希望得到满足，如请求获得某物、请求加入群体、请求帮助等
排斥与欺负	幼儿对同伴发起的言语、身体上的消极行为，包括排斥、奚落、嘲弄、推搡、拍打等

2. 进行登录

标签登录是指从观察记录中，找到观察者认为有兴趣、有意义或符合事先定义的行为表现，用不同字体、不同颜色或不同粗细的字标注出来或用标签贴出后，将标示出来的行为解离出来，分列在观察记录的后方，以便后续分析。如果某一行为的意思是非常明确清楚的，就可以将之登录为“行为”的标签；如果行为意义尚在假设猜测中，并不一定正确，则以“问题”登录，作为下一次观察收集资料的心理准备方向。

2-3-3

3. 对行为进行编码与分类

在幼儿行为观察中，可观察的行为类目也有很多，如可以依据行为发生的情境来分类、依据事件来分类、依据关系来分类、依据活动来分类等，这每一个类别就是一个思考单位。每一个类别还可以分为若干个更小的类别。例如，依据情境来分类，就至少可以再分为“独处的情境”“安静的情境”“偶发事件的介入”“嘈杂的情境”等。因为编码的角度不同，所以，同一段记录可能有好几个相关的登录标签。

对幼儿的整体倾向的印象称为主题行为，可把这个主题行为作为一个分类标准。如果出现的新的行为与主题行为具有同样的性质，那就属于正类目。相反，如果出现的新的行为与主题行为具有对立的性质，那么，我们就将它归置于反类目。必须有对立关系的正反类目，才能在分析时得到两面的证据，减少偏见证据的出现。

将行为进行编码分类之后，我们就要根据行为的正反两面的证据，对编码后的行为进行归类，也就是具体的行为分类操作，将每个行为都归为 3 种类型：正类目、反类目或者其他类目。例如，“幼儿在同伴互动中亲社会行为的观察”整体印象为亲社会行为，则“助人”“分享”“告知”“合作”等标签为正类目行为，“告状”“支配”“排斥与欺负”等为反类目行为。“其他类目”指的是如果很难判断属于哪一类目的时候，就归入该类目下。

4. 求证

经过这个过程以后，就可以进行下一步的统计与比较。通过统计结果可以看出幼儿的行为是倾向正面还是反面的，而依据就是正面类目行为与反面类目行为出现的次数。我们不能绝对地说行为是正面还是反面，只能看哪类行为出现的次数较多，分析幼儿的哪一种倾向行为是主导行为。

根据归类，观察者可以从标签的归类中整理出 3 种行为类目出现的频率、时机及行为重点之间的关系，以体会幼儿的行为主线，可以作为相应的结论，或者作为下一次观察收集证据的准备。如果符合观察者类目下的标签累计次数最多，则说明观察者的观点被支持。如果归在观察者观点相反类目的标签累计次数最多，则说明观察者的观点不被支持，而且还可能被推翻。如果第 3 种类目，即其他类目的标签次数最多，则说明观察者的观点不是重要的类目，可能需要另定主题进行另外的观察。然而，不管观察者的观点是否被支持，至少可以使观察者思考自己是否必须修正对幼儿的看法，以免被偏见所左右。

5. 深入分析

虽然根据标签归类及不同类目下标签的数量，能够验证观察者的假设和想法，但是这些验证并不足以了解主体行为的来龙去脉。若想深入了解行为的原因，不妨从以下几个方面做进一步的分析。

（1）分析次级类目。第一级的类目是以观察者的初步观点作为类目的区分点，将行为归为3类，如果归为某一类的标签次数最多，则可以说明幼儿该行为类型倾向最明显。如果在第一级类目下某一个子类目（正类目或反类目）中的标签数有很多个，则表示该类行为的出现有不同的表现，需要进一步分析。分析的方法与第一级类目相仿，可以就这些标签进行思考，再做次级归类，以将幼儿行为出现的另一层意义概括出来。

（2）寻找习惯性行为。如果有些标签的次数很多，即表示这些行为是幼儿经常做出的行为，是幼儿的习惯性行为，可以再回到记录纸去检查该行为发生的相似点。例如，行为发生的情境、对象、动作等是否有一致的状况，如果找出一致的状况，就可以大致推测影响行为产生的原因。如果找不出习惯性行为，可能是观察次数不够多，或是在分析时登录的标签前后不一致，导致相同意义的行为以不同标签来登录，习惯性行为无法表现出来。

（3）思考习惯性行为的共同点。习惯性行为是常常出现的行为，习惯性行为出现必有一致的地方，可能是相同的环境因素使行为表现一致，也可能是行为表现的方式一致，还可能是心理的期望一致等。这时，可以再回到记录纸去检查这一类行为发生的相同点，如行为发生的情境、对象、动作等有没有相同的状况，就可以大致推测行为产生的原因。

（三）质性观察资料分析的注意事项

1. 应以观察主题为依据

对质性观察资料进行分析时，首先应确定观察的主题和目的是什么，即观察者的动机、想要了解的范围，然后根据最初的主题分析行为的意义。分析是把意义标签登录出来，就像把连续的行为分为片段来标记，然而观察者在分析时，很容易顺着行为的连续性及表面意义而迷失方向，忘记对主题意义的思虑及掌握。不同主题整理出来的行为意义不同，观察者需要针对自己在观察前已经界定的主题来思索行为的意义，以贴切合理且简明扼要的词来摘要并登录出来。因此，在寻找重点登录标签时必须仔细推敲，寻找“具有主题意义的行为”，将其意义找出并全部登录出来。只有在摘要和登录时符合主题的意义，才能针对主题分析解释幼儿行为，这种质的观察满足最初的观察动机（观察主题），才不会失去其效度。幼儿行为的发生受多方面因素的影响，在分析之前就决定以其中的某一层面（主题）为主，可使分析时有脉络可循，而其他层面也并非完全滤掉或拒绝接受，而是着重从主题层面来透视幼儿的行为，若要真正了解幼儿，还需经过多次的观察继续收集资料，或以深度访谈的方式收集资料。

2. 把握标签用词

（1）标签重在行为而非个性。在添加标签时应注意，非专业的观察者常常会犯的错误是将标签加在一个人的个性上，而非加在行为上，但是标签并不能用来区分人的类型。如果对幼儿个性贴标签，就可能会扭曲对其行为的理解。因为幼儿的行为有多面性及发展性，没有任何个性标签可以代表那么复杂的心理现象。例如，一个幼儿平时都是以自我为中心的，只是偶尔出现了分享行为，若观察者将“乐于分享”标签放在幼儿的个性上就会犯错。

（2）仔细思考标签用词。质的观察的主要目的是深入探究或发现幼儿行为的来龙去脉，必须以幼儿个人的行为脉络来分析了解，因此，行为重点标签登录的用词要由观察者根据所记录的行为并思考幼儿的行为意义而得出，而非有一套现成词汇可以套用。如果分析之前已经有一套现成的词汇可以套用，则表示在观察之前已经有一些解释主题行为的原则、理论或看法，在分析时就可能会刻意“附会”这些词汇的意义，导致无法发现行为发生的真正意义，因此所需做的应以“验证”这些原则或看法为主要目的，即将这些词汇发展为量的观察记录工具，从而在短时间收集大量的行为样本，而不再采用质的分析方法。

（3）标签可下操作性定义。界定相同的行为，应用同一个词来登录，这就会使同一用词的意义一致，这样分析所得的解释才有效度。因此，所登录的用词必须可以依据所发生的行为事实下操作性定义，这样才表明用词客观、前后一致。这也就是行为的“标准”，代表被观察者行为过程中与主题意义有明确关系的行为。

3. 确保客观

所登录的标签意义必须客观，能真正代表幼儿个人的行为意义，可以重点关注以下几个方面。

（1）登录可以使用表达心情的词汇。成人在行为的外显方面，与幼儿有很大差异。成人往往会隐藏内心的真实想法，而幼儿因受其心理发展水平的限制，其行为往往就是其内心情绪的真实表达，因此观察者直接用表达心情的词来登录幼儿的行为也是可以的。

（2）避免主观偏见。观察者在分析幼儿行为的过程中，容易带入自己的主观偏见，若过于主观则可能放大幼儿的行为，如观察者对幼儿的“偏食”行为有相同的经验时，可能会用相同的感受来描述幼儿的行为。

（3）避免过于琐碎。人在判断时，常下意识地对不完整的片段做补充，使之趋于完整。这种由想象来补充，而不是通过发生连续性、程序性及统整性的真实行为来审视行为意义的做法，其产生的重点登录标签很可能会不够贴切。在重点登录时，有时也会犯过分小心的错误，而使行为的意义过于琐碎。

（4）综合考虑。观察者需要考虑幼儿行为产生的背景条件，以防止误判。不确定情形下的行为，最好先用“问题”（通常用“？”表示）来登录，待其意义已经被证实之后再改为“标签”。在找出与行为相关的理论或可以支持的观点来分析幼儿行为背后可能隐含的事实时，须注意，通常一个行为不能只用一个理论或观点来分析，一个行为也可能同时存在很多意义，所以应收集更多的佐证资料，以使分析时依据充分且具说服力。

三、量化观察资料的分析方法

（一）量化观察资料分析的过程

量化的观察记录方法就是用已经设定好的工具去“度量”幼儿的行为，观察者知觉是一个客观的过程，而不需要主观的介入，只会牵涉“有没有”“是不是”，且用符号来记录比较简单，可以在短时间内同时收集到多位幼儿的行为。虽然用表格符号的记录方式也需要事后进行分析，但是这样的分析与用文字进行记录的分析是有区别的。在运用质的观察方法时，观察者可以不用其他工具，自己的观察和思考就是唯一重要的工具，可先进行观察并记录，再加以分析。而量的观察方法正好相反，必须先对主题之下的行为意义有整体的看法，由这整体的看法形成行为的原则或观点，然后根据这些原则或观点把观察记录的客观工具——观察记录表制作出来，再根据这个观察记录表对幼儿的行为进行记录，最后将这些记录的结果进行统计分析。因此，运用量的观察方法强调的是先有理论再观察记录客观的事实。在过程中强调遵守工具中已经规定的记录及统计的规则，以使最后的分析是客观的。因此，在资料分析的部分只要计算记录的次数，或者核计分数来代表频率、强弱的程度，然后将数据加以解释即可。量化资料的统计可以分为描述性统计和推断性统计两种。

1. 描述性统计

描述性统计是就某个行为发生次数的多少或分数的高低来分析这一种行为出现的频率、强弱和持久性等。就观察表的行为项目来了解被观察者的表面行为，或是由环境刺激项目与行为表现之间的关联来发现行为的影响因素。例如，“对幼儿如厕自理行为的观察”在运用检核表后的分析结论为：“幼儿佳佳 15 次中有 10 次是保教人员注意到了她需要上厕所，有 5 次为在常规的上厕所时间，保教人员带她去上厕所，她没有主动要求上厕所的行为。”

2. 推断性统计

推断性统计是就样本中被观察者行为的差异，来推断总体行为之间的差异。例如，以每班选取的 6 名男孩和女孩在语言表达能力方面的差异，来推断幼儿园整体的男孩和女孩之间语言表达能力方面的差异。做推断统计时，选取的样本必须具有代表性，这样才能以少数样本的行为资料来推断整体的行为倾向。

（二）量化观察资料分析的注意事项

1. 较难进行深入分析

运用表格符号的记录只能了解幼儿行为的表面特点，而行为的深层原因或因果关系不容易了解。除非以相关系数来求出两个变量的相关性才能解释表面行为的关联性，但这也并不表示关联性高的行为是有因果关系的。深层原因或因果关系必须运用比较详细的观察记录方法，并且经过大胆假设、小心求证的过程才能分析出来，通常运用表格记录的方法是做不到的，必须运用描述性的、以文字进行记录的方式才能做到。

2. 用多种方法、多次量化来分析幼儿的行为

（1）要根据各种量化方法所获得的结果来解释幼儿的行为。如果只根据一种量化法，如观察法、测验法或访谈法所获得的资料来判断幼儿的发展，可能会存在偏差。这就如同我们看一件东西，必须试着从前面、后面、侧面、上面或下面观察，才不至于以偏概全，产生“盲人摸象”的偏差。

（2）一次量化只是幼儿在某个时间及情境下的行为表现。每一次的量

化只是行为的取样，不能代表幼儿全部的行为，因为幼儿会在不同的时间、不同的情境表现出不同的行为模式。所以，必须以多次量化的结果来解释其行为，使结论相对可靠。

3. 结果要合理呈现

（1）避免将量化结果当成幼儿的一种标记。在量化的过程中，有些影响量化的因素很难加以控制。因此，我们不能根据量化的资料来推断幼儿今后的一切发展。

（2）资料必须保密。观察者应遵守保密的道德原则，只能在当事人或其父母同意的情况下分享资料。

四、不同类型多媒体资料的分析

对照片、录音与录像等多媒体资料进行分析的方法如下。

（一）对照片资料的分析

摄影留下的照片是保存和呈现幼儿行为的有效资料之一，它能反映幼儿在什么环境下做了哪些行为。例如，在进餐时他的表情如何，和其他幼儿互动中幼儿的行为如何等。在分析照片时，要通过对自己提问的方式来分析摄像时所记下的资料。例如，拍照时，幼儿所在的物质环境如何，是在活动室还是在寝室？拍照时发生了什么事情？之前和之后各发生了什么事情？幼儿正在做什么？是否具备相应的能力？其情绪如何？等等。

（二）对录音资料的分析

采用录音的方式进行记录，不但可以记录被观察幼儿的一字一句，还可以记录语音、语调，从而使观察者有充分的时间推敲这些语言本身及其背后的意义。幼儿正处于语言发展的关键期，对幼儿语言情况的记录，是了解他们身心发展及学习情况的有效途径。幼儿说话的音量、频率、音调等，都代表了其不同的心理状态及发展状况。但是因为录音始终不能将内容直接呈现，所以对录音需要进行转换整理，而后再进行分析。例如，观察者可通过录音对幼儿语言学习的听、说能力，对语音、词汇、语法、语用等的运用情况，以及对幼儿语言所反映的内容等进行分析。

（三）对录像资料的分析

录像可以最大可能地保留幼儿行为及事件发生时的情景，得到的是过程性的、动态的、声情并茂的资料，而且在事后可以重复播放，使观察记录者在分析时更为方便。因此，其也常常成为实况详录法的必要记录方法。在摄像完成后，必须要做的事情是重复地观看录像内容，然后将一些最基本的信息记录后再存档。另外，还可以结合实际从录像中挑出一些重要的画面，制作成静态的照片，与家长、专业人员或教师进行探讨和研究，可能比录像更为方便。在整理录像资料时，可以从多角度进行分析。

1. 进行多场景对比分析

进行多场景对比分析，就是在同一个画面中显示分割画面，也就是把不同摄像机在不同地方摄下的情景，利用电脑技术使其出现在同一画面上，可以对几个不同位置上发生的行为做对比性观察分析。

2. 进行局部精细化的分析

对录像或截取的照片等反复播放，便于重复地观察，有助于发现新情况，也不至于遗漏细节。现代电脑技术越来越先进，可以进行慢动作放映、定格放映，快速前进、倒回搜索图像等，这些技术有利于对每一个行为的局部表现做精细的分析。

3. 进行转录后的细致分析

在有需要的时候，还可以将录像内容转录成文字，从而对录像内容进行更为细致的分析。转录工作完成后，就可以根据前述的分析思路，对录像内容进行细致的分析了。

▼ 步骤二　活动实施

一、质性资料案例的标签登录与统计

对所收集的幼儿同伴互动行为观察记录的相关案例进行标签登录，主题为某幼儿在游戏中材料的分享情况，如表 2-3-2 所示。

表 2-3-2　某幼儿在游戏中材料分享情况标签登录表

观察记录	行为标签
今天上午开展户外搭建活动，大家玩得不亦乐乎。	
亮亮抱着很多积木，还正要拿更多的积木。	
乐乐过来说："我也要玩积木。"	
亮亮边往自己身边搂积木，边说："这些都是我的。"	
然后他拿了几个积木给乐乐说："把这几个积木给你吧。"	

续表

观察记录	行为标签
乐乐说："亮亮，这么多的积木呢，再给我一些好吗？"	
亮亮说："不行，这些我都要用，给了你，我就无法玩了。"	
乐乐又捡起几个亮亮没有拿到的积木玩了起来。	
亮亮发现后，一脚踢开了乐乐正在搭建的积木。	
他大叫道："谁让你动我的积木的！"	
乐乐说："我偏要拿。"他又拿了几个。	
亮亮站了起来，跺着脚哭道："老师，乐乐拿走了我的积木！"	
高老师赶紧走过来劝阻他们。	

注：（标签编码及说明）

标签登录与统计参考

结合前述案例，对某幼儿游戏中材料分享情况中的行为进行归类与统计，如表 2-3-3 所示。

表 2-3-3　标签类别及管理

行为标签	出现频次	备注
正类目		
反类目		
其他类目		

二、量化资料案例的分析

结合所给案例中幼儿告状行为的检核表（见表 2-3-4），总结幼儿的告状行为。

表 2-3-4　幼儿告状行为检核表

日期	告状者	被告者	真假判断			原因						备注
			真	假	真假参半	被人欺负	被告者违反规定	被告者欺负他人	不喜欢被告者	引起老师注意	获取同伴友谊	
11 月 7 日	黄 × 雯	刘 × 悦	√				√					
11 月 8 日	张 × 宁	冯 × 玉		√				√				
11 月 9 日	李 × 菲	王 × 阳	√				√					
11 月 10 日	张 × 宁	张 × 腾			√					√		
11 月 11 日	马 × 萱	李 × 怡		√								
11 月 14 日	李 × 菲	贺 × 佳	√			√						
11 月 15 日	张 × 宁	赵 × 立		√						√		
11 月 16 日	李 × 菲	孙 × 飞	√			√						
11 月 17 日	李 × 菲	韩 × 月			√		√					
11 月 18 日	张 × 宁	孟 × 桐			√			√				

分析以上行为检核表，完成以下任务。

（1）统计两周内班里各告状幼儿的告状次数：＿＿＿＿＿＿＿＿＿＿＿＿＿＿＿，

＿＿＿＿＿＿＿＿＿＿＿＿＿＿＿＿＿＿＿＿＿＿＿＿＿＿＿＿＿＿＿＿。

由统计得出，两周内班里最爱告状的幼儿是＿＿＿＿＿＿＿＿＿＿＿＿＿＿＿。

（2）统计两周内班里各幼儿告状真假的次数：＿＿＿＿＿＿＿＿＿＿＿＿＿＿＿，

＿＿＿＿＿＿＿＿＿＿＿＿＿＿＿＿＿＿＿＿＿＿＿＿＿＿＿＿＿＿＿＿。

其中，最爱告状幼儿告状的真假情况以什么为主：________________。

（3）统计两周内班里各告状幼儿的告状原因：________________

____，

其中，最爱告状幼儿的告状原因主要为：________________

____。

三、多媒体资料案例的分析

结合所收集的幼儿图片或录像资料，从中选择或截取一张幼儿行为的图片，分析幼儿所处的环境，以及幼儿正在做什么，是否具备相应的能力，其情绪如何等，然后在小组内进行分享与讨论。

任务评价

任务评价表如表 2-3-5 所示。

表 2-3-5　任务评价表

评价内容	评价要点	满分值	自我评价（40%）	小组评价（60%）
质性资料案例的标签登录与统计	标签设定有理有据（20 分）	40 分		
	标签分类与统计有理有据（20 分）			
量化资料案例的分析	数据统计正确（10 分）	30 分		
	结论相对客观（20 分）			
多媒体资料案例的分析	认真完成分析任务（20 分）	30 分		
	积极参与组内分享与讨论（10 分）			
总分		100 分		

说明：任务评价包括自我评价和小组评价，评价时应结合相应评价要点进行评价；小组评价一般由组长负责组织，并结合小组成员的意见进行评价；总得分精确到小数点后两位。

课后练习

一、思考与练习（40 分）

（1）制订观察计划的主要要素有哪些？

（2）如何理解观察者的 4 种角色？

（3）幼儿行为观察记录的方法有哪些？

（4）录像资料分析的方法主要有哪些？

二、实践活动（60 分）

以小组为单位，将对某一幼儿进行观察的记录资料（可打印后粘贴在下方）进行整理分析，并结合相关理论提出引导建议，然后将具体结果在小组内进行对比，之后写下其他成员给你的启示，并将相关内容填入表 2-3-6 中。

表 2-3-6　幼儿行为观察与对比总结

要素	具体内容
基本信息	
观察记录	
分析评价的主要依据及结论	
提出的建议	
其他成员给我的启示	

注：“项目综合评价表”参见附录。

项目三

幼儿生活活动行为观察与引导

项目三导入

项目导入

夫童蒙之学，始于衣服冠履，次及言语步趋，次及洒扫涓洁，次及读书写文字，及有杂细事宜，皆所当知。

——朱熹

生活活动主要指生活自理、作息习惯、自我保护、环境卫生、生活规则等方面的活动，具体包括入园、盥洗、进餐、如厕、饮水、午睡、离园等。幼儿在生活活动中的行为有进餐、如厕、穿脱衣物、睡眠与盥洗等。

幼儿生活活动观察认知

生活活动是幼儿最普遍的活动，占据了幼儿一日生活中相当比例的时间。

学习目标

知识目标：

1. 理解幼儿进餐、如厕、穿脱衣物、睡眠、盥洗行为观察的重要性。
2. 了解幼儿进餐、如厕、穿脱衣物、睡眠、盥洗行为相关的政策要求与观察要点。
3. 掌握幼儿进餐、如厕、穿脱衣物、睡眠、盥洗行为中问题产生的原因及引导策略。

能力目标：

1. 能对幼儿进餐、如厕、穿脱衣物、睡眠、盥洗中的典型行为进行分析。
2. 能针对幼儿进餐、如厕、穿脱衣物、睡眠、盥洗中的典型行为进行引导。

素质目标：

通过对幼儿生活活动中典型行为的分析与讨论，提升其人际交往与沟通合作能力。理解方法的多样性。

知识导图

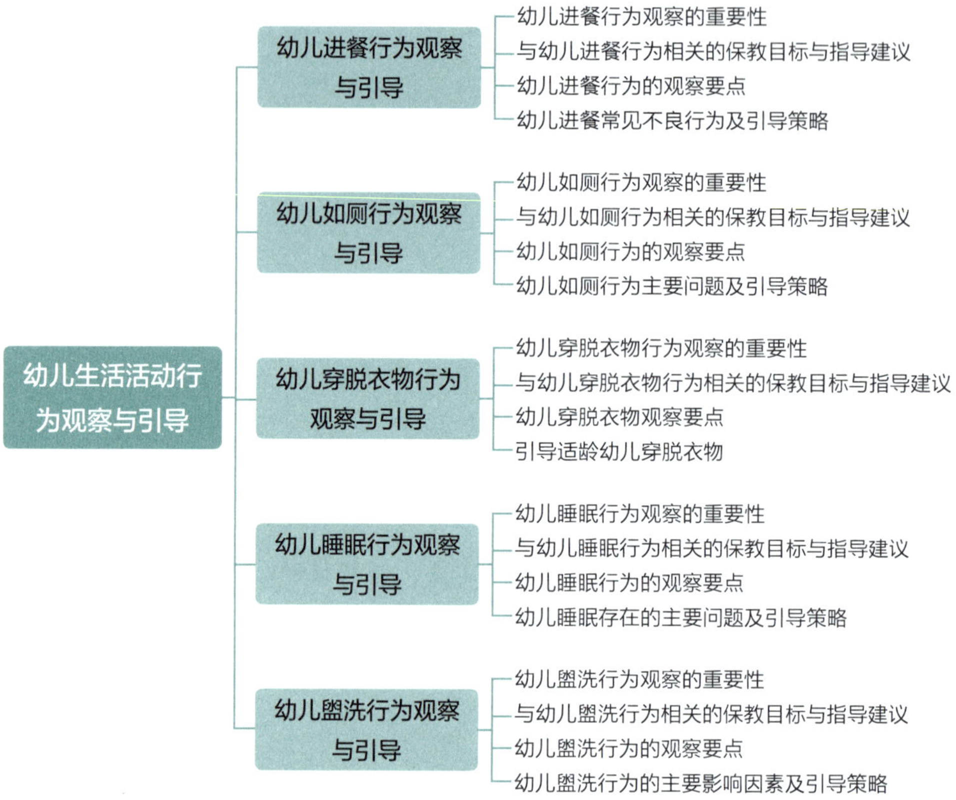

- 幼儿生活活动行为观察与引导
  - 幼儿进餐行为观察与引导
    - 幼儿进餐行为观察的重要性
    - 与幼儿进餐行为相关的保教目标与指导建议
    - 幼儿进餐行为的观察要点
    - 幼儿进餐常见不良行为及引导策略
  - 幼儿如厕行为观察与引导
    - 幼儿如厕行为观察的重要性
    - 与幼儿如厕行为相关的保教目标与指导建议
    - 幼儿如厕行为的观察要点
    - 幼儿如厕行为主要问题及引导策略
  - 幼儿穿脱衣物行为观察与引导
    - 幼儿穿脱衣物行为观察的重要性
    - 与幼儿穿脱衣物行为相关的保教目标与指导建议
    - 幼儿穿脱衣物观察要点
    - 引导适龄幼儿穿脱衣物
  - 幼儿睡眠行为观察与引导
    - 幼儿睡眠行为观察的重要性
    - 与幼儿睡眠行为相关的保教目标与指导建议
    - 幼儿睡眠行为的观察要点
    - 幼儿睡眠存在的主要问题及引导策略
  - 幼儿盥洗行为观察与引导
    - 幼儿盥洗行为观察的重要性
    - 与幼儿盥洗行为相关的保教目标与指导建议
    - 幼儿盥洗行为的观察要点
    - 幼儿盥洗行为的主要影响因素及引导策略

任务一　幼儿进餐行为观察与引导

任务情景

小宝妈妈对小宝的发展还是比较关注的，但是小宝吃饭时老爱玩，每次都是催着吃，她希望得到专业老师的指导，看如何改善小宝的吃饭情况。小贝妈妈则不一样，因为她在家还要忙别的事，所以她通常是给小贝把饭盛好后放在桌上，小贝爱吃不吃，她到时间就收碗，她觉得这样更能让孩子及早独立，但她不知道这样的放任是否合适。

任务目标

通过案例准备、案例分析、幼儿行为观察，了解并掌握幼儿进餐行为的观察要点、相关政策、常见行为问题产生的原因及引导策略。

材料准备

纸、笔、幼儿进餐行为观察的案例（文字、图片或视频）、多媒体播放设备、计时器。

任务实施

▼ 步骤一　知识准备

一、幼儿进餐行为观察的重要性

进餐是幼儿在托幼机构一日活动中非常重要的环节。科学的进餐不仅能为幼儿身体发育提供物质基础，强健体质，也是培养幼儿基本生活能力、养成良好饮食习惯的重要途径。进餐是否顺利、过程是否愉快，往往和幼儿的压力感和焦虑感密切相关。一般认为，亲子关系良好的幼儿，其进餐也比较正常。反之，如果幼儿不耐烦等候食物，或拿取太多食物而自己并不能吃完，或无法与其他同伴共享进餐的欢乐时，就有可能表示这个幼儿有一定压力感或焦虑感。因此，幼儿进餐行为具有生物学意义和社会学意义。

二、与幼儿进餐行为相关的保教目标与指导建议

（一）3 岁以下幼儿进餐相关的保育目标、要点与指导建议

结合《托育机构保育指导大纲（试行）》，3 岁以下幼儿进餐相关的保育目标、要点及指导建议如下。

1. 3 岁以下幼儿进餐相关的保育目标

（1）获取安全、营养的食物，达到正常生长发育水平。

（2）养成良好的饮食行为习惯。

2. 3 岁以下幼儿进餐相关的保育要点

（1）1～2 岁的幼儿。继续母乳或配方乳粉喂养，可以引入与乳制品搭配的辅食，每日提供多种类食物。鼓励和协助幼儿自己进食，关注幼儿以语言、肢体动作等发出的进食需求，顺应喂养。培养幼儿使用水杯喝水的习惯，不提供含糖饮料。

（2）2～3 岁的幼儿。每日提供多种类食物。引导幼儿认识和喜爱食物，培养幼儿专注进食的习惯和选择多种食物的能力。鼓励幼儿参与协助分餐、摆放餐具等活动。

3. 3 岁以下幼儿进餐保育的指导建议

（1）制订膳食计划和科学食谱，为幼儿提供与年龄发育特点相适应的食物，规律进餐，为有特殊饮食需求的幼儿提供喂养建议。

（2）为幼儿创造安静、轻松、愉快的进餐环境，协助幼儿进食，并鼓励幼儿表达需求、及时回应，顺应喂养，不强迫进食。

（3）有效控制进餐时间，加强进餐看护，避免发生伤害。

◎育婴专栏

7～12 个月婴儿营养与喂养的要点如下。

（1）继续母乳喂养，不能继续母乳喂养的婴儿使用配方乳粉喂养。

（2）及时添加辅食，从富含铁的泥糊状食物开始，遵循由一种到多种、由少到多、由稀到稠、由细到粗的原则。辅食不添加糖、盐等调味品。

（3）每引入新食物要密切观察婴儿是否有皮疹、呕吐、腹泻等不良反应。

（4）注意观察婴儿所发出的饥饿或饱足的信号，并及时、恰当回应，不强迫喂食。

（5）鼓励婴儿尝试自己进食，培养进餐兴趣。

（二）3 ～ 6 岁幼儿进餐保教目标与政策指导

结合《3 ～ 6 岁儿童学习与发展指南》，3 ～ 6 岁幼儿进餐相关的保教目标与政策指导如表 3–1–1 所示。

表 3–1–1　3 ～ 6 岁幼儿进餐相关的保教目标与政策指导

所属部分		动作发展	生活习惯与生活能力
与进餐相关的发展目标		手的动作灵活协调	具有良好的生活与卫生习惯
不同年龄段幼儿的典型目标行为表现	3 ～ 4 岁	能熟练地用勺子吃饭	在老师的引导下，不偏食、不挑食；喜欢吃瓜果、蔬菜等新鲜食品
	4 ～ 5 岁	会用筷子吃饭	不偏食、不挑食，不暴饮暴食；喜欢吃瓜果、蔬菜等新鲜食品
	5 ～ 6 岁	能熟练使用筷子	吃东西时细嚼慢咽
指导建议		引导幼儿生活自理或参与家务劳动，发展其手的动作，如练习自己用筷子吃饭、扣扣子，帮助家人择菜叶、做面食等	帮助幼儿养成良好的饮食习惯。如合理安排餐点，帮助幼儿养成定点、定时、定量进餐的习惯；帮助幼儿了解食物的营养价值，引导他们不偏食、不挑食，少吃或不吃不利于健康的食品；吃饭时不过分催促，提醒幼儿细嚼慢咽，不要边吃边玩

综上，保教人员在对幼儿的进餐行为进行观察时，不仅可以观察幼儿进餐的意愿，也可以观察幼儿使用餐具的情况，还可以观察幼儿是否存在偏食、挑食等现象。

三、幼儿进餐行为的观察要点

进餐在幼儿日常生活中是规律性的重复动作，因此做关于进餐的记录并不困难。通过观察幼儿进餐，可以获取幼儿满足的感觉、愉悦的程度，以及自主的能力等信息。在幼儿进餐时，观察者可以参考表 3–1–2 所示观察要点进行观察。

表 3–1–2　幼儿进餐行为的观察要点

要素	进餐行为的观察要点
进餐环境	（1）在哪里进餐（餐厅、活动室、走廊或其他地点） （2）谁负责喂食 / 供应食物（班级教师、保育员或其他人员） （3）幼儿是否能自行决定所要选取的食物 （4）环境是安静、轻松，还是嘈杂、忙乱 （5）食物数量是否充足，是否需要添加或是否能根据需要多取食一点

续表

要素	进餐行为的观察要点
幼儿对进餐环境的反应	(1) 对食物是接受、期盼还是挑剔、抗拒 (2) 幼儿进餐时是严肃还是轻松 (3) 幼儿坐在餐椅上或走向餐桌时是开心、热切、积极，还是胆怯、抗拒
幼儿的食量	(1) 非常少 (2) 比较多 (3) 两份 (4) 吃很多肉 (5) 不吃蔬菜 (6) 总是吃不够 (7) 和他人相比较多
幼儿进餐时的态度	(1) 是否使用餐具 (2) 如何使用餐具 (3) 是否用手抓食物吃 (4) 是否边吃边玩 (5) 是否扔掉食物 (6) 是否将食物弄得一塌糊涂 (7) 是否把食物留在口中 (8) 进食时是否很有条理 (9) 是否担心吃不够，而藏匿食物 (10) 在餐桌上是否躁动、紧张、好动，能够 / 无法待到进餐结束
进餐时与人的互动	(1) 是否有互动，互动频率如何 (2) 与谁交谈 (3) 能否兼顾互动与进餐，或者社交是否比进食更有趣 (4) 是否只与爸爸妈妈互动，与别人没有交流，或者是否只和老师、特殊的朋友社交，又或者不和任何人说话
幼儿对食物的兴趣	(1) 是否特别喜欢或者不喜欢什么食物 (2) 对食物有什么评论 (3) 进餐的速度快 / 慢
进餐的过程	(1) 整个进餐过程程序如何 (2) 幼儿说 / 做了什么 (3) 成人说 / 做了什么
进餐后的行为	(1) 如何离开座位（哭 / 噘嘴 / 不声不响 / 开心 / 热切地说话 / 流着泪 / 轻松推回椅子 / 敲着桌子） (2) 随后做了什么（独自玩 / 在成人旁边看着 / 拿书或玩具 / 上厕所 / 整理餐具 / 绕着桌子跑 / 站着说话 / 站着等候老师 / 拿书或玩具 / 上厕所 / 帮忙整理餐桌 / 查看碗中是否还有食物）

四、幼儿进餐常见不良行为及引导策略

幼儿的进餐行为是我们经常会观察到的内容，其中的常见不良行为及引导方法如下。

（一）挑食

1. 幼儿合理膳食的含义

营养是幼儿生长发育的物质基础，蛋白质、脂肪、碳水化合物、水、维生素、矿物质和膳食纤维是幼儿生长发育必需的七大营养素。食物的营养价值通常是指食物中所含营养素和热能能够满足人体营养需要的程度。幼儿合理膳食即是指针对幼儿的年龄特征、健康状况及营养需求，以平衡膳食为原则，将食物进行合理搭配及烹饪，以优化食物组合，满足机体对食物的消化、吸收和利用，从而达到促进生长发育、维护健康的目的。只有合理膳食才能满足幼儿生长发育的营养需求。

2. 挑食对幼儿的负面影响

挑食会使幼儿某些营养素摄入不足，导致幼儿营养不良、体质虚弱、抵抗力差、容易患病，影响幼儿的生长发育。例如，蛋白质长期摄入不足将影响组织增长和修复，导致生长发育迟缓、组织功能异常，甚至威胁生命；脂肪供应太少，幼儿会体重下降、皮肤干燥，并会发生脂溶性维生素缺乏症；碳水化合物摄入不足影响幼儿生长发育，还会使大脑供能不足，出现脑功能下降，如记忆力减退，还可能引发低血糖，使幼儿感到头晕、无力，甚至昏迷；摄水量少会出现脱水；缺乏维生素 A 对于幼儿视力的发展不利，缺乏维生素 D 则不利于钙的吸收；长期膳食纤维摄入过少，将增加心血管疾病、肠道疾病、2 型糖尿病的患病风险。

3. 幼儿挑食的主要原因

（1）食物本身的特点。某些食物的特殊味道并不是所有人都喜欢的，如茄子、香菇等，不少幼儿都不喜欢。幼儿牙齿正处于发育期，瘦肉、青菜等有纤维的食物会塞牙，某些偏硬、偏韧的食物可能咬不动，这会导致他们排斥这类食物。

（2）食物烹饪不当。幼儿挑食可能与烹饪方式不当有很大的关系，尤其是平时烹饪方式是幼儿不习惯的，就可能出现挑食。

（3）生病或消极情绪影响。幼儿生病后一般会食欲下降，出现挑食情

况。消极的情绪也会降低幼儿的食欲，如饮食时大哭会产生呕吐感，使幼儿对食物产生厌恶，导致挑食的不良习惯。

（4）家长的溺爱。在生活中，幼儿第一次挑食时，如果父母不及时纠正，只给幼儿吃其喜欢吃的食物，长期下去容易出现挑食等不良习惯。幼儿长期习惯吃零食，食欲会跟着下降，看到其他食物也会没有胃口。

4. 幼儿挑食的引导策略

（1）通过健康教学活动和游戏活动，纠正幼儿的挑食行为。例如，在教学中渗透幼儿营养与健康、饮食卫生等方面的知识，利用图片吸引幼儿的注意，通过儿歌让幼儿了解挑食的坏处及不挑食才健康快乐的观念。在区域活动中，通过“小顾客”等角色游戏让幼儿体会食物的多样性和进餐的快乐。

（2）尽量让幼儿的食物品种多样化。以饮食均衡及多样化为主，在保证营养成分足量摄入的基础上，使烹饪出的食物能吸引幼儿。

（3）关注幼儿身体与心理的情况。关注幼儿的异常行为，及时识别幼儿疾病并及时进行治疗。对有消极情绪的幼儿给予关心，耐心地劝幼儿吃饭，巧妙地运用鼓励和赞扬，不要用太苛刻的语气。有意将座位进行调整，让喜欢吃饭的幼儿带动挑食的幼儿，一起快乐地用餐。

（4）培养家长正确的教养观念，使幼儿在托幼机构和家里的表现保持一致。一方面向家长介绍幼儿营养平衡的知识，另一方面和家长共同分析造成幼儿挑食的原因。指导家长不要溺爱孩子，掌握爱和严的分寸，合理满足孩子的正当需要，拒绝孩子不合理的要求。

（二）进餐过慢

1. 进餐时间的说明

在托幼机构中，午餐是较为常见的进餐活动，在早餐和午餐之间，以及午餐和晚餐之间通常会有点心。所以，进餐活动不仅是指午餐，也应包括点心。另外寄宿制幼儿还会涉及早餐和晚餐。一般来说，对于可以自主用餐的幼儿，用餐时间在20～30分钟为宜。这个时间是指幼儿专心用餐的时间，而不包括看电视、玩闹、讲话等的时间。

2. 进餐过慢对幼儿的负面影响

幼儿进餐不宜过快，避免囫囵吞枣、消化不良。但进餐也不能过慢，因为过慢对幼儿也有负面影响。

（1）进餐过慢会使饭菜过凉，可能引起幼儿脾胃失调，进而引发一些肠胃疾病。

（2）食物在口腔内停留时间过久对于幼儿的牙齿健康不利。这是因为食物在嘴巴中停留过半个小时，容易造成牙细菌的滋生，增加了患龋齿的风险。

（3）进餐过慢会让幼儿和成人双方都倍感压力。成人会因幼儿的不配合而产生焦虑感，幼儿会因不能按成人要求快快吃完而产生自责感。长此以往，幼儿带着负面情绪进餐，就很难在进餐上有良好表现。

3. 幼儿进餐过慢的主要原因

（1）幼儿手眼协调能力差，不能很好地使用筷子或勺子。

（2）幼儿活动量不够，饥饿感不强，对进餐的需求不足。

（3）幼儿把进餐当作提条件的资本，通过进餐让成人满足其他目的。

（4）幼儿进餐缺乏规律，在进餐前给他吃了其他食物，或者所提供的食物明显超过幼儿常规的进餐量。

（5）其他影响因素。例如，幼儿喜欢和别人说话，吵闹的环境或者其他人、事导致幼儿情绪不佳等。

4. 幼儿进餐过慢的引导策略

（1）成人通过健康教育、直接操作示范或同伴榜样引导等方式，引导幼儿学会使用进餐工具进餐。

（2）成人引导幼儿每日适当锻炼，保证一定的活动量，以消耗能量产生饥饿感。

（3）对幼儿提出的不合理需求或进餐时的替代需求，成人不应过度满足。

（4）按时定量进餐，为幼儿盛饭时要少盛多添，以消除其视觉上的压力感。

（5）为幼儿创设愉悦的进餐环境，给幼儿自主选择餐桌的机会，使幼儿愉快进餐。

（6）其他策略。合理运用行为矫正法，以正强化为佳，步骤如下：与幼儿一起制定目标和计划，一起调整推进速度；一旦幼儿有了进步，及时给予肯定。

▼ 步骤二 活动实施

一、举例说明幼儿进餐行为的观察要点

通过对某一幼儿进餐行为的观察，对观察要点分别举例说明，如表 3-1-3 所示。

表 3-1-3 幼儿进餐行为观察要点的举例说明

要素	观察要点举例说明	备注
幼儿进餐环境		
幼儿对进餐环境的反应		
幼儿的食量		
幼儿进餐时的态度		
进餐时与人的互动		
幼儿对食物的兴趣		
进餐的过程		
进餐后的行为		

二、幼儿进餐行为案例分析

阅读案例，分析案例中幼儿的行为，并针对性地给出引导策略。

今天中午，宁宁（32 个月，男孩）的妈妈给他做了胡萝卜炒虾仁和青菜汤。妈妈把饭菜放到餐椅上，给宁宁穿好罩衣后，把宁宁放到了餐椅里。妈妈说："宝宝，今天我们吃好吃的菜菜，多吃蔬菜身体棒。"宁宁看着饭菜没什么反应。他拿起勺子，吃了几口米饭，把碗里的虾仁都吃光了，然后碗里剩下了胡萝卜。妈妈说："宝宝把虾仁都吃光了，再吃几口胡萝卜吧！"说着妈妈把胡萝卜喂到了宁宁嘴里，宁宁嚼了几下就吐了出来，妈妈又挑了几片菜叶放到宁宁碗里，宁宁立马把青菜拨开。妈妈批评宁宁说："把青菜吃了！不吃妈妈生气了啊！"宁宁委屈地看着妈妈，用勺子来回拨拉着青菜。旁边的奶奶说："他不爱吃给我吧，再给他吃点虾仁，他爱吃。"奶奶又给宁宁碗里放了几个虾仁，宁宁又吃了点米饭。妈妈说："孩子挑食不好。"奶奶说："没事，吃爱吃的身体才好。"午餐结束了，妈妈把宁宁从餐椅里抱了出来。

3-1-8

分析与引导策略：

各抒己见 3-1

三、幼儿进餐行为观察实践与探讨

对所观察的幼儿在进餐方面的行为观察资料进行整理，对幼儿行为进行分析，并给出相应的建议（可将相关资料粘贴在下方，或者在后面插入纸张）。

任务评价

任务评价表如表 3-1-4 所示。

表 3-1-4 任务评价表

评价指标	评价要点	满分值	自我评价（40%）	小组评价（60%）
举例说明幼儿进餐行为的观察要点	针对要点举例正确（24 分）	30 分		
	提供案例类型丰富（直接描述、图片举例、视频举例）（6 分）			
幼儿进餐行为案例分析	行为分析有理有据（20 分）	40 分		
	引导策略具有针对性（20 分）			
幼儿进餐行为观察实践与探讨	观察资料有记录（10 分）	30 分		
	观察分析有理有据（10 分）			
	提出建议具有针对性（10 分）			
总分		100 分		

说明：任务评价包括自我评价和小组评价，评价时应结合相应评价要点进行评价；小组评价一般由组长负责组织，并结合小组成员的意见进行评价；总得分精确到小数点后两位。

任务二　幼儿如厕行为观察与引导

任务情景

4岁多的小怡又发生了尿裤子的情况，这已经是他/她今年在幼儿园第4次尿裤子了。小怡的家长给班主任反馈说，孩子在家里很早就不尿裤子了，在幼儿园突然出现4次尿裤子，不知道孩子是怎么回事，想让班主任与其他两位老师多注意下小怡。

任务目标

通过案例准备、案例分析、幼儿行为观察，了解并掌握幼如厕行为的观察要点、相关政策、常见行为问题产生的原因及引导策略。

材料准备

纸、笔、幼儿如厕行为观察案例（文字、图片或视频）、多媒体播放设备、计时器。

任务实施

▼ 步骤一　知识准备

一、幼儿如厕行为观察的重要性

如厕是托幼机构幼儿生活活动中的重要环节之一，它能反映一个人最基本的生活自理能力和卫生习惯，也是家庭和托幼机构培养幼儿生活自理能力的关键环节之一。著名教育家陈鹤琴先生曾提出：“人类的动作十之八九是习惯，而这种习惯又大部分是幼年养成的，所以应当特别注重习惯的养成。”在托幼机构的生活环境中，良好如厕习惯的养成有利于幼儿的身心健康发展，对幼儿今后的学习，与同伴交往和社会适应将起到很好的促进作用。早期对幼儿进行如厕能力的培养，有利于幼儿生活自理能力的提升，对幼儿的智力、情感、独立性、克服困难的能力等都有重要作用。从小培养幼儿的如厕能力，不仅是社会发展的需要，也是幼儿自身发展的需要。因此关注幼儿如厕行为这一环节的小问题，其实就是关注了幼儿身心健康的大问题。

3-2-1

二、与幼儿如厕行为相关的保教目标与指导建议

（一）3 岁以下幼儿进餐相关的保育目标、要点与指导建议

1. 3 岁以下幼儿如厕相关的保育目标

（1）学习盥洗、如厕、穿脱衣服等生活技能。

（2）逐步养成良好的生活卫生习惯。

2. 3 岁以下幼儿如厕相关的保育要点

（1）1～2 岁的幼儿。鼓励幼儿及时表达大小便需求，形成一定的排便规律，逐渐学会自己坐便盆。协助和引导幼儿自己洗手、穿脱衣服等。

（2）2～3 岁的幼儿。培养幼儿主动如厕。引导幼儿使用肥皂或洗手液正确洗手，认识自己的毛巾并擦手。鼓励幼儿自己穿脱衣服。

3. 3 岁以下幼儿如厕保育的指导建议

在生活中逐渐养成良好的习惯，做好回应性照护，引导其逐步形成规则和安全意识。

◎育婴专栏

7～12 个月婴儿如厕的保育要点如下：及时更换尿布，保持臀部和身体干爽清洁；在生活照护过程中，注重与婴儿互动交流；识别及回应婴儿哭闹、四肢活动等表达的需求。

（二）3～6 岁幼儿如厕保教目标与政策指导

结合《3～6 岁儿童学习与发展指南》，相关的保教目标与政策指导如表 3-2-1 所示。

表 3-2-1　3～6 岁幼儿如厕相关的保教目标与政策指导

所属部分		动作发展	生活习惯与生活能力	
与如厕相关的发展目标		手的动作灵活协调	具有良好的生活与卫生习惯	具有基本的生活自理能力
不同年龄段幼儿的典型目标行为表现	3～4 岁	—	愿意饮用白开水，不贪喝饮料；在提醒下，饭前便后洗手	在帮助下能穿脱衣服或鞋袜
	4～5 岁	—	常喝白开水，不贪喝饮料；饭前便后洗手，方法基本正确	能自己穿脱衣服
	5～6 岁	—	主动饮用白开水，不贪喝饮料；饭前便后主动洗手，方法正确	能自己穿脱衣服

3-2-2

续表

所属部分	动作发展	生活习惯与生活能力	
指导建议	引导幼儿生活自理，发展其手的动作	帮助幼儿养成良好的个人卫生习惯	鼓励幼儿做力所能及的事情，对幼儿的尝试与努力给予肯定，不因做不好或做得慢而包办代替；指导幼儿学习和掌握生活自理的基本方法；提供有利于幼儿生活自理的条件

三、幼儿如厕行为的观察要点

大小便是幼儿一天中十分频繁的一件事情。对于 0 ～ 2 岁的幼儿来说，他们无法控制自己的大小便，更多会表现在换尿布或纸尿裤时的行为表现；对于 2 ～ 6 岁的幼儿来说，主要涉及的是如厕的行为表现。表 3–2–2 是幼儿如厕行为观察要点的一些建议。

表 3–2–2　幼儿如厕行为的观察要点

要素	如厕行为的观察要点
刺激因素	（1）幼儿自身的需求 （2）模仿别人 （3）成人要求 （4）尿湿裤子
幼儿的反应	（1）有明显需求，但拒绝更换尿布或纸尿裤，也不接受幼儿园马桶 （2）不愿意与大家一起上厕所 （3）高高兴兴 / 心不在焉 / 匆促 / 轻松地去
如厕时是否紧张或恐惧	（1）身体僵直 （2）抓生殖器 （3）哭泣扭动
幼儿的兴趣	（1）兴趣高 （2）兴趣低
自理情况	（1）可以自己脱下 / 穿上裤子，动作利落 / 笨拙 / 快速 / 缓慢 （2）可以自己扔纸尿裤，拿干净的纸尿裤，或使用厕纸
幼儿的态度	（1）是否很随意 / 特别有礼貌 / 露出身体 （2）是否显示出了解性别差异或相似性的兴趣 （3）与其他幼儿的互动情况 （4）是否以口头或行动显示额外的性知识

四、幼儿如厕行为主要问题及引导策略

幼儿的如厕行为是我们经常会观察到的内容，如厕行为常见问题是无法及时如厕。幼儿如厕训练的教养要求，以及无法及时如厕的主要原因及引导策略如下。

（一）幼儿如厕训练的教养要求

如厕训练必须在幼儿身体发育到一定阶段才能进行，一般两岁后可以开始。较小的幼儿还不能建立自主排尿的习惯，需要成人的精心照料。一般来说，满两岁时，幼儿能够控制大小便，白天保持干净；两岁半时，他们如厕时能够拉下裤子，但在提裤子时有困难，需要成人协助，有的幼儿晚上也能保持干净；3 岁时，幼儿基本晚上不尿床，当然也有些幼儿仍会尿床。

成人对待幼儿如厕不应强制进行，而应给予帮助或引导。如果幼儿不具备与年龄相符的如厕行为，或出现能力倒退，可能是由于如厕行为习惯养成不完全或有心理压力等导致的。

（二）幼儿无法及时如厕的原因

1. 环境变化

托班的幼儿多习惯坐式马桶，而幼儿园多提供蹲式便池，幼儿从家到托班，再到幼儿园，如厕的物质环境有所变化，会造成幼儿如厕不适。男童小便还好一点，女童则相对困难，幼儿如果没有掌握好先跨台阶再解裤子的顺序，很容易错踩进便池。

2. “忘记”上厕所

幼儿在如厕前与其他幼儿玩耍，尤其是中班、大班的幼儿多由于贪玩憋尿而难以做到及时如厕。有时幼儿全心投入当前活动会忽视如厕。

3. 自理能力不足

家人会因缺少耐心而帮幼儿脱穿裤子或擦屁股。这种做法看似省事，但会导致幼儿如厕训练不佳，如厕前后自理能力不足，在进入托幼机构后很难快速适应。有些幼儿可能因为不会很好地脱穿裤子，或者因为不会用厕纸不愿如厕，导致无法及时如厕。

4. 衣裤不当

有些家长在为幼儿选购服装时，往往追求漂亮、帅气而忽略了幼儿穿着的方便性。尤其是对穿脱衣物能力正在培养的幼儿来说，这类衣服往往会使保教人员对幼儿照顾起来不便，特别是在幼儿动手能力较差时，他们常

常需要一定的时间才能正常脱穿好。

5. 成人对尿裤子问题的过度关注

托班、小班幼儿对环境尚不熟悉，难免会紧张，尿裤子只是其中的一种表现。但对于中班、大班幼儿而言，幼儿的自我意识进一步萌发，更关注他人对自己的看法。如果成人对幼儿尿裤子的问题过分关注，就会加重幼儿的心理负担，使幼儿逃避如厕。

6. 短期不良的生理情况

幼儿突然受到风寒或进食不当时，都可能引起拉肚子或肚子疼等生理反应，特别是拉肚子，因为幼儿年龄太小，往往会因为来不及上厕所而解在身上。

（三）幼儿及时如厕的引导策略

1. 创设良好的物质环境

（1）提供相应的环境提示，如在蹲式便池处贴上小脚印。

（2）和幼儿共同设计制作图文并茂的《擦屁屁》儿歌，张贴正确使用厕纸的图片。

（3）定时提供合适的厕纸，放置位置和幼儿如厕时高度相同，便于幼儿拿取。

2. 及时提醒幼儿

（1）分小组如厕，避免卫生间幼儿过多，告知幼儿注意安全，减少打闹。

（2）结合托幼机构的活动安排，在午睡、集体活动、户外活动前，及时让幼儿如厕。在各环节活动结束后，及时提醒幼儿如厕，尤其是对特别投入的幼儿可多次提醒。

3. 培养幼儿的自理能力

（1）鼓励幼儿多承担力所能及的小事，帮助幼儿培养行为的自主性和自理能力，摆脱依赖感。

（2）根据幼儿性别引导如厕：男孩小便要面对便池，两腿分开站稳，揭开裤洞，肚子略向前挺，对准便池小便。女孩小便要两腿跨开站到便池上，脱下裤子到膝盖处，便后应束好裤子后再下来。

（3）引导幼儿学会使用厕纸，即从前往后擦，提醒女孩小便后也要使用厕纸。

（4）采用操作示范及简单的儿歌等方式，引导幼儿学会独立穿衣服。

4. 为幼儿穿着方便的衣服

保教人员应主动与家长联系，指导家长为幼儿穿结构简单的衣服，使幼儿感觉穿脱衣服并不难，进而产生独立如厕的主动性。简单易脱的衣服可以使动作慢的幼儿在心理上产生能够胜任的感觉，使幼儿有成就感。

5. 对幼儿心理进行建设

成人不要对幼儿尿裤子的事件有过多的关注，要多一点耐心和宽容，允许幼儿偶尔尿裤子。成人要与幼儿共同分析在哪个环节出了问题，而不是急于训斥，使幼儿能正确面对尿裤子等情况，而不会因此产生心理阴影。

6. 识别幼儿的疾病异常

幼儿年龄小，大多数情况下，即使身体不适也难以清楚地表达出来，因此，成人要对其细心地观察，以便及早发现病情，及时做出处理，这也是全日观察中的基本技能。

▼ 步骤二　活动实施

一、举例说明幼儿如厕行为的观察要点

通过对某一幼儿进餐行为的观察，对观察要点分别举例说明，如表 3-2-3 所示。

表 3-2-3　幼儿如厕观察要点的举例说明

主要方面	观察要点举例说明	备注
刺激因素		
幼儿的反应		
如厕时是否紧张或恐惧		
幼儿的兴趣		
自理情况		
幼儿的态度		

二、幼儿如厕行为案例分析

阅读案例，分析案例中幼儿尿裤子的主要原因，总结其中关于幼儿如厕的引导策略。

3-2-6

某幼儿园在小班幼儿的保育过程中做了一个量化统计：一天、一个月究竟有多少幼儿尿裤子。保教人员每天都会在班务日志中记录当日尿裤子的幼儿人数和名单，到月底进行汇总。记录中，第一个月共有23名幼儿尿裤子。第一周，幼儿尿裤子人数多达9人，一天中最多达3人。到第四周，幼儿尿裤子人数减至3人，一天中仅有一人或无人尿裤子。这个数字的明显下降跟保教人员采取的一系列有效措施密不可分。她们让家长给孩子带上一条备用裤，幼儿在尿湿后，她们会安慰幼儿，并及时为幼儿换洗。她们在幼儿照护中发现两点：一是幼儿尿裤子多发生在中午前后。这让她们意识到在这个高发时间段更要注意孩子的如厕情况，提醒他们及时如厕。例如，一个女孩一个月有5次尿裤子，因为她有憋尿的习惯，老师就经常提醒她如厕。二是尿裤子常发生在几个固定的幼儿身上，其余幼儿都只是偶尔发生。对经常尿裤子的几个幼儿，老师们通过细致观察，分析了每个幼儿尿裤子的原因，以便"对症下药"。例如，有的幼儿小便时的动作不对，导致了尿液常流至裤子前沿，老师就与家长沟通一起进行纠正；有的幼儿穿着不便，老师就与家长沟通更换便于幼儿穿脱的衣裤。

分析与引导策略：

各抒己见 3-2

三、幼儿如厕行为观察实践与探讨

对所观察的幼儿在如厕方面的行为观察资料进行整理，对幼儿行为进行分析，并给出相应的建议（可将相关资料粘贴在下方，或者在后面插入纸张）。

任务评价

任务评价表如表 3–2–4 所示。

表 3–2–4　任务评价表

评价指标	评价要点	满分值	自我评价(40%)	小组评价(60%)
举例说明幼儿如厕行为的观察要点	针对要点举例正确（15 分）	30 分		
	提供案例类型丰富（直接描述、图片举例、视频举例）(15 分)			
幼儿如厕行为案例分析	行为分析有理有据（20 分）	40 分		
	引导策略具有针对性（20 分）			
幼儿如厕行为观察实践与探讨	观察资料有记录（10 分）	30 分		
	观察分析有理有据（10 分）			
	提出建议具有针对性（10 分）			
总分		100 分		

说明：任务评价包括自我评价和小组评价，评价时应结合相应评价要点进行评价；小组评价一般由组长负责组织，并结合小组成员的意见进行评价；总得分精确到小数点后两位。

任务三 幼儿穿脱衣物行为观察与引导

任务情景

幼儿园小班幼儿的穿脱衣物一直是个难点，在与家长沟通给孩子穿便于穿脱的衣物的同时，保教老师计划在幼儿穿脱衣物方面对幼儿进行观察与引导。

任务目标

通过案例准备、案例分析、幼儿行为观察，了解并掌握幼儿穿脱衣物行为的观察要点、相关政策、常见行为问题产生的原因及引导策略。

材料准备

纸、笔、幼儿穿脱衣物案例（文字、图片或视频）、多媒体播放设备、计时器。

任务实施

▼ 步骤一 知识准备

一、幼儿穿脱衣物行为观察的重要性

穿脱衣物是幼儿应当具备的生活自理能力，通过对幼儿穿脱衣物的行为进行观察，能够反映出幼儿生活自理能力及幼儿身心发展水平。指导适龄幼儿自主穿脱衣物不仅可以提高幼儿生活自理的能力，也能让其体会到自己动手带来的成就感。

二、与幼儿穿脱衣物行为相关的保教目标与指导建议

（一）3 岁以下幼儿穿脱衣物保育目标与指导建议

1. 3 岁以下幼儿穿脱衣物相关的保育目标

（1）学习穿脱衣物生活技能。

（2）逐步养成良好的生活卫生习惯。

2. 3 岁以下幼儿穿脱衣物相关的保育要点

（1）1～2 岁的幼儿。协助和引导幼儿自己穿脱衣物等。

（2）2～3 岁的幼儿。鼓励幼儿自己穿脱衣物。

3. 3岁以下幼儿穿脱衣物保育的指导建议

在生活中逐渐养成良好的习惯，做好回应性照护，引导其逐步形成规则和安全意识。

（二）3～6岁幼儿穿脱衣物保教目标与政策指导

结合《3～6岁儿童学习与发展指南》，3～6岁幼儿穿脱衣物相关的保教目标与政策指导如表3–3–1所示。

表3–3–1　3～6岁幼儿穿脱衣物相关的保教目标与政策指导

所属部分		动作发展	生活习惯与生活能力
与穿脱衣物相关的发展目标		手的动作灵活协调	具有基本的生活自理能力
不同年龄段幼儿的典型目标行为表现	3～4岁	—	在他人帮助下能穿脱衣服或鞋袜
	4～5岁	—	能自己穿脱衣服、鞋袜，扣纽扣
	5～6岁	—	能知道根据冷热增减衣服，会自己系鞋带
指导建议		引导幼儿生活自理，发展其手的动作	鼓励幼儿做力所能及的事情，对幼儿的尝试与努力给予肯定，不因做不好或做得慢而包办代替；指导幼儿学习和掌握生活自理的基本方法，如穿脱衣物和鞋袜的正确方法

三、幼儿穿脱衣物观察要点

幼儿穿脱衣物的观察要点可参考表3–3–2。

表3–3–2　幼儿穿脱衣物的观察要点

要素	穿脱衣物的观察要点
行为发生的原因	（1）是不是在保教人员的要求下进行 （2）教师是否向全班幼儿要求 （3）幼儿是否看到他人的行为才发生行为 （4）幼儿是否一时冲动才发生行为
行为发生的环境	（1）周围的设施设备如何 （2）这些设施设备如何影响幼儿的行为 （3）幼儿附近是否有重要人物
幼儿的反应	（1）如果由保教人员引起，幼儿是否接受或抗拒 （2）如果由其他幼儿引起，幼儿是如何反应的 （3）如果由幼儿自己发起，幼儿是如何行动的 （4）幼儿对自己的穿着是否显现出特殊的情绪 （5）幼儿在穿脱衣物的过程中是否认真，是否显现出兴趣 （6）幼儿如何穿衣，是忙乱、笨手笨脚，还是轻松、有技巧 （7）幼儿的能力是否胜任，其能力是否符合他的年龄

续表

要素	穿脱衣物的观察要点
幼儿的后续反应	幼儿接下来做了什么

四、引导适龄幼儿穿脱衣物

在引导适龄幼儿学习脱衣服的过程中，成人需示范给幼儿看，以便让幼儿更快地学会自己动手脱衣服。托幼机构可以开展相关的集体教育活动，让幼儿知道如何正确穿脱衣物，也可以提供仿真娃娃道具，让幼儿练习给娃娃穿衣服。

（一）穿脱衣物的顺序与方法

穿衣服的顺序是从上往下的，如衬衣—外衣—衬裤—袜子—外裤—鞋子。脱衣服的顺序与穿衣服相反。需要注意的是，在寒冷的冬季，幼儿穿衣服时应尽量减少胸部暴露在外的时间，以免受凉，在穿衣服时应先将毛衣或棉衣穿上，再穿袜子、外裤等。

1. 穿衣物的方法

（1）穿套头衫的方法：先将头套进衣服，缩手钻进一只袖管，再缩手钻进另外一只袖管。

（2）穿开衫的方法：先分辨衣服的里外和前后，将衣服正面朝上放在桌子上，领口对着自己。抓住领口向后甩，衣服披在身上后，用手攥住内衣袖子，再将手伸入外衣袖内。一只手伸进袖口，另外一只手再伸进袖口，将扣子扣上或者拉上拉链。最后认真检查扣子是否一对一地扣好了，领子是否翻平整了。

（3）穿裤子的方法：先辨别裤子的前后，双手拉住裤腰两侧，先伸一条腿，再进另一条腿。站立后提裤子，将内衣塞进裤子里，并扣上扣子或拉上拉链。为了方便幼儿分辨裤子前后，家长可以在幼儿的裤子前面绣花、绣名字、缝兜或在膝盖处绣上明显的记号等。

（4）穿袜子的方法：坐在椅子上，先辨别袜子的不同部位，将袜跟朝下，双手拉住袜口，将脚伸进袜口，脚跟伸到袜跟处，将袜口拉至脚踝。

（5）穿鞋子的方法：先分辨鞋子的左右脚，并将它们放正，然后两脚分别穿上鞋子，用手提鞋跟，最后系鞋带或鞋口。

2. 脱衣物的方法

脱衣物可按照从下到上的顺序，如外裤—袜子—衬裤—外套—衬衣，以免着凉。脱套头衣服的时候，要双手提住衣领的两端，从头上向前拉，再将手伸出衣袖。在幼儿能够掌握的情况下，可以指导幼儿先缩手脱下一只袖子，再脱下另外一只，双手抓住衣服的领口用力向上提脱下衣服。脱裤子时，将裤子退至膝盖处，坐下，先拽一只裤腿，再拽另外一只裤腿。

3. 叠放衣服的方法

（1）叠上衣时，先将衣服平铺，将两个袖子沿着袖缝向里折（如果有帽子，将帽子折下来），最后将衣服的下面部分向上折。

（2）叠裤子时，将裤子的两条裤腿沿裤子中缝对折，再对折，使裤腿与裤腰对齐。

（二）穿脱衣物儿歌举例

1. 穿套衫的儿歌

（1）爬爬爬，爬爬爬，抓住衣边往下滑，最先露出脑袋瓜，捏住袖口伸进去，左手右手伸出来，再把衣边往下拉。

（2）一件套衫四个洞，宝宝钻进大洞洞，脑袋钻出中洞洞，小手伸出小洞洞。

（3）衣服前面贴肚皮，抓住大口头上套，脑袋钻出大山洞，胳膊钻出小山洞。

2. 穿开衫的儿歌

（1）衣服后面贴自己，抓住衣领往背披，胳膊伸进衣袖里，两只小手露出来，整好衣领扣好扣，穿着整齐有神气。

（3）抓住小领子，商标在外面，向后甩一甩，衣服披背上，捏紧衣袖口，小手钻出洞。

（4）大门向外抓领子，轻轻向后盖肩膀，一左一右伸袖子，咔嚓咔嚓扣扣子。

3. 穿裤子的儿歌

（1）穿裤子时要注意，两腿叉开伸进去，穿上裤腿先别急，穿上鞋子再站起，两手抓住裤子腰，拉好盖上小肚皮。

（2）左边一火车钻山洞，右边一火车钻山洞，呜呜呜，呜呜呜，两列火车通过了，裤子也就穿好了。

（3）前面朝上，拉紧裤腰；喊着口号，两脚赛跑；两条跑道，别找错了；伸出裤腿，露出小脚；终点到了，提裤站好；能穿裤裤，做乖小宝。

（4）宝宝自己穿裤子，好像火车钻山洞，呜呜呜，呜呜呜，两列火车出山洞。

（5）找好前面小标记，一左一右穿进去，抓紧裤腰前后提，裤缝对着小肚脐。

4. 穿鞋子的儿歌

两个好朋友，从来不分手，要来一起来，要走一起走，要是穿反了，它们把头扭，要是穿对了，它们头碰头。

4. 叠衣物的儿歌

（1）小衣服，放放好，我来把你叠叠好，左右小门关一关，两只小手抱一抱，我们一起弯弯腰，我的衣服叠叠好。

（2）叠裤子，很简单，展平裤子在前面，裤腿兄弟心贴心，裤腰裤脚面对面，叠平裤子摆整齐，我的裤子叠叠好。

▼ 步骤二　活动实施

一、举例说明幼儿穿脱衣物行为的观察要点

通过对生活中某一幼儿穿脱衣物行为的观察，结合幼儿穿脱衣物行为观察要点的主要方面进行说明，如表 3-3-3 所示。

表 3-3-3　幼儿穿脱衣物观察要点的举例说明

主要方面	观察要点举例说明	备注
行为发生的原因		
行为发生的环境		
幼儿的反应		
幼儿的后续反应		

二、幼儿穿脱衣物案例分析

阅读案例，分析案例中幼儿穿脱衣物中的行为，针对性地给出引导策略。

午睡后，妈妈把康康（30 个月，男孩）的衬衫放在床上，准备让康康学习穿衣服。妈妈说：“康康自己穿衣服吧！”康康开心地点点头。康康拿起衣服左边的袖子，把右手伸进去之后发现不对又脱了下来，再把左手伸了进去，右边

的袖子掉到了身后，康康转了几个圈怎么也找不到袖子，生气地把穿好的袖子脱了下来，把衣服扔在了床上。妈妈鼓励康康："没关系，康康再试一次，一只手捏住衣服，右手伸到袖子里，然后再伸左手。"妈妈边说边示范，康康拿起衣服按照妈妈的模样穿好。用了约 3 分钟时间扣好扣子后，妈妈发现第一颗纽扣扣在了第二个扣眼上，妈妈笑着重新给康康扣好。

分析与引导策略：

各抒己见 3-3

三、幼儿穿脱衣物行为观察实践与探讨

对所观察的幼儿在穿脱衣物方面的行为观察资料进行整理，对幼儿行为进行分析，并给出相应的建议（可将相关资料粘贴在下方，或者在后面插入纸张）。

任务评价

任务评价表如表 3-3-4 所示。

表 3-3-4 任务评价表

评价指标	评价要点	满分值	自我评价（40%）	小组评价（60%）
举例说明幼儿穿脱衣物行为的观察要点	针对要点举例正确（24 分）	30 分		
	提供案例类型丰富（直接描述、图片举例、视频举例）（6 分）			
幼儿穿脱衣物案例分析	行为分析有理有据（20 分）	40 分		
	引导策略具有针对性（20 分）			

续表

评价指标	评价要点	满分值	自我评价（40%）	小组评价（60%）
幼儿穿脱衣物行为观察实践与探讨	观察资料有记录（10 分）	30 分		
	观察分析有理有据（10 分）			
	提出建议具有针对性（10 分）			
总分		100 分		

说明：任务评价包括自我评价和小组评价，评价时应结合相应评价要点进行评价；小组评价一般由组长负责组织，并结合小组成员的意见进行评价；总得分精确到小数点后两位。

任务四　幼儿睡眠行为观察与引导

到午睡时间了，小朋友们陆续走进了寝室。在音乐的伴随下，大多小朋友都逐渐睡着了。老师看见小忆的两根指头在床沿挪来挪去，便走过去准备提醒她。小忆看见老师看她，便闭上眼睛不动了。

任务目标

通过案例准备、案例分析、幼儿行为观察，了解并掌握幼儿睡眠行为的观察要点、相关政策、常见行为问题产生的原因及引导策略。

材料准备

纸、笔、幼儿睡眠行为观察案例（文字、图片或视频）、多媒体播放设备、计时器。

任务实施

▼ 步骤一　知识准备

一、幼儿睡眠行为观察的重要性

健康的身体是幼儿学习与发展的基础，充足的睡眠是保持身体健康的重要条件。人体绝大多数的生长激素都是在人睡眠时分泌的，睡眠对幼儿生长发育有着不可或缺的重要意义。睡眠对于幼儿来说还意味着对大脑的保护性抑制，是促进大脑神经发育的重要途径。拥有良好的睡眠习惯和睡眠质量，幼儿才会有充沛的精力去探索环境，得到更进一步的发展。

幼儿睡眠行为受到各种各样因素的影响，通过观察幼儿的睡眠行为，排除影响幼儿睡眠质量的因素，有助于幼儿良好睡眠习惯的养成；幼儿在睡眠前后的如厕、穿脱衣物、盖被子等过程中的行为，是其自理能力的重要体现，也能促进幼儿自信心的建立。

二、与幼儿睡眠行为相关的保教目标与指导建议

（一）3 岁以下幼儿睡眠相关的保育目标、要点与指导建议

1. 3 岁以下幼儿睡眠相关的保育目标

（1）获得充足睡眠。

（2）养成独自入睡和作息规律的良好睡眠习惯。

2. 3 岁以下幼儿睡眠相关的保育要点

（1）1 ～ 2 岁的幼儿。固定幼儿睡眠和唤醒时间，逐渐建立规律的睡眠模式。坚持开展睡前活动，确保幼儿进入较安静的状态。培养幼儿独自入睡的习惯。

（2）2 ～ 3 岁的幼儿。规律作息，每日有充足的午睡时间。引导幼儿自主做好睡眠准备，养成良好的睡眠习惯。

3. 3 岁以下幼儿睡眠保育的指导建议

（1）为幼儿提供良好的睡眠环境和设施，温湿度适宜，白天睡眠不过度遮蔽光线，设立独立床位，保障安全、卫生。

（2）加强睡眠过程中的巡视与照护，注意观察幼儿睡眠时的面色、呼吸、睡姿，避免发生伤害。

（3）关注个体差异及睡眠问题，采取适宜的照护方式。

◎育婴专栏

7 ～ 12 个月婴儿睡眠的保育要点如下。

（1）识别婴儿困倦的信号，通过常规睡前活动，培养婴儿独自入睡的习惯。

（2）帮助婴儿采用仰卧位或侧卧位姿势入睡，脸和头不被遮盖。

（3）注意观察婴儿睡眠状态，减少抱睡、摇睡等安抚行为。

（二）3 ～ 6 岁幼儿睡眠保教目标与政策指导

结合《3 ～ 6 岁儿童学习与发展指南》，3 ～ 6 岁幼儿睡眠相关的保教目标与政策指导如表 3-4-1 所示。

表 3-4-1　3 ～ 6 岁幼儿睡眠相关的保教目标与政策指导

所属部分	身心状况		生活习惯与生活能力	
与睡眠相关的发展目标	具有健康的体态	具有一定的适应能力	具有良好的生活与卫生习惯	具有基本的生活自理能力

3-4-2

续表

所属部分		身心状况		生活习惯与生活能力	
不同年龄段幼儿的典型目标行为表现	3～4岁	—	换新环境时情绪能较快稳定，睡眠、饮食基本正常	在提醒下，按时睡觉和起床，并能坚持午睡	在帮助下能穿脱衣服或鞋袜
	4～5岁	—	换新环境时较少出现身体不适	每天按时睡觉和起床，并能坚持午睡	能自己穿脱衣服、鞋袜、扣纽扣
	5～6岁	—	—	养成每天按时睡觉和起床的习惯	会自己系鞋带
指导建议		保证幼儿每天睡11～12小时，其中午睡一般应达到2小时左右。午睡时间可根据幼儿的年龄、季节的变化和个体差异适当减少	锻炼幼儿适应生活环境变化的能力；采取相应的措施帮助他们尽快适应新环境	让幼儿的生活保持规律，养成良好的作息习惯，如早睡早起、每天午睡等	指导幼儿学习和掌握生活自理的基本方法，如穿脱衣服和鞋袜；提供有利于幼儿生活自理的条件，如幼儿的衣服、鞋子等要简单实用，便于自己穿脱

三、幼儿睡眠行为的观察要点

午睡相对于大小便和进餐这些发生频率较高且相当规律的活动来说，发生频率高但并非有规律性，它与幼儿的年龄、个性特点及睡眠习惯有很大的关系。就睡眠状态来看，有的幼儿可以自然而然地入睡，有些就很抗拒，需要哄睡，如会拒绝躺下，要坐着或者要抱着，睁着眼睛、尖叫，或者很晚才能睡着。就睡眠模式的变化来看，从一天数次改为两次，从两次改为一次，有的吃玩睡，有的吃睡玩。总之，每个幼儿的睡眠特点都不一样。在观察记录幼儿午睡时可以参考表3-4-2中的观察要点。

表3-4-2　幼儿睡眠的观察要点

要素	睡眠行为的观察要点
幼儿如何入睡	（1）自动睡下或者服从成人 （2）成人是否认定幼儿已经困倦 （3）午睡是否紧接着午餐后 （4）幼儿是否了解自己被期许有什么表现

续表

要素	睡眠行为的观察要点
幼儿的反应	（1）接受：无所谓 / 高兴 （2）抵制：闲荡 / 说话 / 不理会 / 经常要求上厕所 / 经常要求喝水 （3）抗拒：哭泣 / 在屋里跑 / 跑到屋外
幼儿是否需要成人的特别照应	（1）抱着 （2）拍抚 （3）靠近坐 （4）带到其他房间
幼儿是否有紧张的迹象	（1）肢体的紧张：活动量大 / 躁动 （2）抚慰性的动作：吮吸手指 / 抚摸性器官 （3）寄托于依恋物 （4）找借口离开床
幼儿是否显现出要午睡的迹象	（1）是否有疲倦的迹象：打哈欠 / 红眼睛 / 心情不愉快 / 经常跌倒 （2）幼儿是否睡觉：多久 / 睡眠是否踏实 （3）幼儿是否把玩物体 （4）幼儿如果不睡，是否看起来很放松
睡眠过程中的表现	（1）躁动与不安：叫 / 大声唱歌 / 乱跑 / 在小床下跑 / 吵别人 （2）是否有任何交际活动：跟邻床交谈 / 发出信号 （3）是否察知其他幼儿，如轻声低语、悄声走路
幼儿午睡如何结束	（1）幼儿如何醒来：笑着 / 啜泣着 / 哭着 / 疲惫地 / 清醒地醒来 （2）幼儿醒来时做什么：安静地躺着 / 叫成人 / 自己走出来 / 开始玩

四、幼儿睡眠存在的主要问题及引导策略

不同年龄段幼儿面临的午睡问题有所差别，但整体主要表现为入睡困难。

（一）幼儿入睡问题产生的主要原因

1. 幼儿的年龄特点

（1）刚入园的托班、小班幼儿。一般而言，刚入园的托班、小班幼儿从家庭进入托幼机构，睡眠环境发生了很大改变，对新的环境不适应，加上对家人的依恋和对保教人员没有建立起信赖感，在托幼机构缺乏安全感，而存在入睡困难。托班、小班幼儿受认知水平和动作发展的限制，大多分不清被子的长和宽，分不清衣服的前后和左右，不会盖被子，不会穿脱衣物。当保教人员要求他们自己盖被子、穿脱衣物时，幼儿会产生焦虑紧张的情绪，从而害怕午睡。托班、小班幼儿尚未学会合理求助，习惯用本能的哭叫或等待的方式表达无助，当午睡时出现流鼻血、肚子不舒服、在床上憋不住尿、穿不上衣服等情况时，有的幼儿会突然大哭，引起混乱，有

的幼儿则默不作声，独自忍受。在一定时间内入睡存在困难。

（2）中班、大班的幼儿。中班幼儿在午睡活动中能基本自理，在一定程度上对穿脱整理等午睡常规要求产生了懈怠情绪。若保教人员总是重复强调午睡要求，指导策略单调枯燥，容易引发幼儿的逆反心理。随着神经系统的逐渐成熟，大班幼儿对睡眠的需求逐渐缩短。因此，如果要求大班幼儿与托班、小班幼儿保持一致的午睡时长，则结果可能是幼儿在床上辗转反侧难以入睡，或者可能是幼儿早醒后躺在床上无所事事，幼儿之间窃窃私语，甚至嬉笑打闹。

（3）幼儿希望获得关注。同成人一样，幼儿也希望通过积极行为或消极行为获得他人的关注。大部分幼儿会通过睡眠中的良好表现来获得保教人员的赞扬，但也有一些幼儿是通过故意违规破坏纪律来获取保教人员的关注的。

2. 睡眠环境不良

环境中的温度、湿度、光线、空气质量等会对幼儿的睡眠产生影响。良好的环境创设有助于幼儿的睡眠，不适宜的环境会让幼儿身体不适，进而不愿睡眠或睡眠状况不佳。成人在室内来回走动的声音，以及成人的一些可能吸引幼儿注意的行为，都会对幼儿的睡眠产生影响。

3. 家庭的影响

幼儿睡眠习惯的养成是在家庭中先习得的，成人对幼儿午睡重要性的认识不足，以及家庭作息的不科学、不规律，都会影响幼儿在集体机构的睡眠表现。有的家长对幼儿睡眠的重要性缺乏重视，在家中没有培养幼儿按时午睡的习惯，认为室内没有吵闹声、讲话声就可以了，对幼儿睡不着、做小动作等其他行为并没有引起重视，错过了对幼儿午睡中的问题行为进行指导的时机；有的家长对幼儿过分宠爱，在睡眠时间的安排上任凭幼儿爱什么时候睡就什么时候睡，导致幼儿晚上睡得晚，早晨起得晚，到了午睡的时间仍然没有睡意；有的家庭则是，家长晚上熬夜工作，中午睡眠时间长，幼儿在家时也跟着如此作息。这些问题导致幼儿在集体环境中的作息规律难以较快养成。

（二）对幼儿入睡问题的引导策略

1. 结合幼儿年龄特点，针对性引导

（1）合理安排幼儿作息。针对不同季节，夏季可适当延长午睡时间，冬季可适当缩短午睡时间。对于睡眠少、入睡慢、好动的幼儿，可以采取暗示、在旁看护、安抚等形式鼓励幼儿安静入睡；允许部分早醒而不愿意继续睡觉的幼儿提前起床，将他们安排至其他地方进行安静的活动。

（2）对不同年龄段的幼儿要采用不同的引导方式。开学初，对害怕陌生环境的新入园幼儿进行安抚，解除他们对陌生环境的恐惧，或者利用幼儿习惯的玩具，吸引托班、小班幼儿入睡，给幼儿家的感觉，允许他们慢慢改变；利用形象的儿歌，引导中班幼儿入睡；通过讲解午睡的作用和对幼儿的期望，引导大班幼儿入睡。

（3）时刻关注幼儿，及时解决发现的问题。睡前对幼儿做检查，对动手能力差的幼儿给予动手示范或帮助等；睡中不断巡视，从不同角度仔细观察幼儿的睡眠状况，对调皮、好动的幼儿要劝说和安抚，对睡姿不正确的幼儿要及时纠正，对有特异体质的幼儿要细心照顾等；睡后应对动手能力差的幼儿给予帮助，并及时提醒幼儿如厕等。

2. 营造良好的睡眠氛围

睡前组织安静的活动，如散步、看书、讲故事等，采用低沉、柔和的语气组织全体幼儿如厕；寝室里的装饰应以柔和的色调为主，并布置一些睡眠中的动物图案；用较低的音量播放《摇篮曲》等音乐；根据气候因素进行开窗通风，放下午睡室的窗帘。

3. 家园通力合作，培养幼儿良好的习惯

幼儿良好睡眠习惯的形成涉及睡前、睡中和睡后整个过程的培养。睡前要如厕、放好鞋子、安静上床、脱衣裤、整理衣裤、盖好裤子；睡中要将被子盖至脖子，仰睡或者右侧睡，手脚放松放在身体旁边；睡后要起床、穿衣裤、穿鞋子、如厕、叠放被子等。幼儿良好的睡眠习惯的养成，既需要保教人员的通力合作，也需要家庭的密切配合。托幼机构要采用多种形式，如通过家长园地、班级网页的形式向家长们宣传睡眠知识，要求幼儿放假在家时也采取与托幼机构一致的作息时间，不破坏幼儿的“生物钟”，使幼儿能较快较好地适应集体生活；利用下发的家园联系册和幼儿个人成长档案与家长做好个别沟通，了解幼儿在家休息的情况，及时反映幼儿的午睡问题和变化。针对有不同午睡问题的幼儿应与家长展开个别化的交流，以共同解决幼儿的睡眠问题。

▼ 步骤二　活动实施

一、举例说明幼儿睡眠行为的观察要点

通过幼儿睡眠行为的观察案例，举例说明相应的观察要点，如表 3–4–3 所示。

表 3–4–3　幼儿睡眠观察要点的举例说明

主要方面	观察要点举例说明	备注
幼儿如何入睡		
幼儿的反应		
幼儿是否需要成人特别照应		
幼儿是否有紧张的迹象		
幼儿是否显现出要午睡的迹象		
睡眠过程中的表现		
幼儿午睡如何结束		

二、幼儿睡眠行为案例分析

阅读案例，分析案例中幼儿的午睡行为，针对性地给出引导策略。

表 3–4–4　幼儿是否午睡及午睡中的行为观察记录表

幼儿姓名	午睡状况	周一	周二	周三	周四	周五
佳佳（女，36 个月）	午睡中出现的行为	开始玩手指，提醒后躺着不动	睁着眼躺着不动，老师靠近后闭眼	老师陪伴，躺着不动，过程中小便 1 次	前 90 分钟闭上眼睛，躺着不动，后 30 分钟玩手指	躺着不动，老师靠近后闭眼，老师离开后玩手指
	是否入睡	没入睡	没入睡	没入睡	没入睡	没入睡
宁宁（男，37 个月）	午睡中出现的行为	前 30 分钟睁眼不动；后面开始不停动，过程中小便 1 次，另外要求小便 2 次	在老师多次提醒下入睡，当中小便 1 次	躺着用手指刮床沿，老师靠近后闭眼，老师离开后来回翻身	来回翻身，老师靠近后看了看老师，躺着不动	来回翻身，老师安慰后躺着不动
	是否入睡	没入睡	入睡	没入睡	没入睡	没入睡

注：上表为教师在寝室对两名幼儿进行的为期一周的午睡观察记录表。经与家长沟通，了解到佳佳在家里从不午睡，即使午睡时间也比较短；宁宁在幼儿园没入睡时，在家里晚上会很早入睡，但如果父母有事晚睡，他也会跟着晚睡。

分析与引导策略：
各抒己见 3-4

三、幼儿睡眠行为观察实践与探讨

对所观察的幼儿在睡眠方面的行为观察资料进行整理，对幼儿行为进行分析，并给出相应的建议（可将相关资料粘贴在下方，或者在后面插入纸张）。

任务评价

任务评价表如表 3-4-5 所示。

表 3-4-5　任务评价表

评价指标	评价要点	满分值	自我评价（40%）	小组评价（60%）
举例说明幼儿睡眠行为的观察要点	针对要点举例正确（21 分）	30 分		
	提供案例类型丰富（直接描述、图片举例、视频举例）（9 分）			
幼儿睡眠行为案例分析	行为分析有理有据（20 分）	40 分		
	引导策略具有针对性（20 分）			
幼儿睡眠行为观察实践与探讨	观察资料有记录（10 分）	30 分		
	观察分析有理有据（10 分）			
	提出建议具有针对性（10 分）			
总分		100 分		

说明：任务评价包括自我评价和小组评价，评价时应结合相应评价要点进行评价；小组评价一般由组长负责组织，并结合小组成员的意见进行评价；总得分精确到小数点后两位。

任务五 幼儿盥洗行为观察与引导

任务情景

马老师在组织幼儿洗手时，看到轩轩在如厕后没有洗手就赶紧提醒他，轩轩看了看老师，嘟着嘴去洗手了。小米在洗手时湿了一下手，就开始甩水，马老师提醒她要好好洗手，并给她指了指镜子上的洗手图示。

任务目标

通过案例准备、案例分析、幼儿行为观察，了解并掌握幼儿盥洗行为的观察要点、相关政策、常见行为问题产生的原因及引导策略。

材料准备

纸、笔、幼儿盥洗行为观察案例（文字、图片或视频）、多媒体播放设备、计时器。

任务实施

▼ 步骤一 知识准备

一、幼儿盥洗行为观察的重要性

托幼机构的盥洗活动包括洗手、洗脸、漱口、刷牙、洗澡、洗脚等活动。幼儿天生好奇心强，热爱探索，他们探索世界最直接、最常用的方式就用手接触各种物品，手上更容易沾染细菌，传染病多从手口途径传播。因此，养成用肥皂、洗手液洗手的良好习惯是帮助幼儿远离细菌，预防幼儿腹泻等消化系统疾病的最为经济高效的方法之一。

洗手通常发生在饭前饭后、便前便后、点心前、运动后等环节，是幼儿进行的最频繁的一项盥洗活动。但是幼儿在盥洗方面存在一些问题，如认为手不脏就不洗、不主动洗手、不会洗手、洗手时间短、手上留有肥皂泡，以及洗手时玩水等。

因此，观察幼儿的盥洗行为，引导幼儿正确盥洗，培养良好的盥洗习惯十分重要。

二、与幼儿盥洗行为相关的保教目标与指导建议

（一）3 岁以下幼儿睡眠相关的保育目标、要点与指导建议

1. 3 岁以下幼儿盥洗相关的保育目标

（1）学习盥洗的生活技能。

（2）逐步养成良好的生活卫生习惯。

2. 3 岁以下幼儿盥洗相关的保育要点

（1）1 ～ 2 岁的幼儿。协助和引导幼儿自己洗手。

（2）2 ～ 3 岁的幼儿。引导幼儿餐后漱口，使用肥皂或洗手液正确洗手，认识自己的毛巾并擦手。

3. 3 岁以下幼儿盥洗保育的指导建议

（1）在生活中逐渐养成幼儿的良好习惯，做好回应性照护，引导其逐步形成规则和安全意识。

（2）注意培养幼儿良好的口腔卫生习惯，预防龋齿。

◎育婴专栏

7 ～ 12 个月婴儿盥洗的保育要点如下。

（1）及时更换尿布，保持臀部和身体干爽清洁。

（2）在生活照护过程中，注重与婴儿互动交流。

（3）识别及回应婴儿哭闹、四肢活动等表达的需求。

（二）3 ～ 6 岁幼儿盥洗保教目标与政策指导

结合《3 ～ 6 岁儿童学习与发展指南》，3 ～ 6 岁幼儿盥洗相关的保教目标与政策指导如表 3-5-1 所示。

表 3-5-1　3 ～ 6 岁幼儿盥洗相关的保教目标与政策指导

所属部分		生活习惯与生活能力	
与盥洗相关的发展目标		具有良好的生活与卫生习惯	具有基本的生活自理能力
不同年龄段幼儿的典型目标行为表现	3 ～ 4 岁	在提醒下，每天早晚刷牙、饭前便后洗手	—
	4 ～ 5 岁	每天早晚刷牙、饭前便后洗手，方法基本正确	—
	5 ～ 6 岁	每天早晚主动刷牙，饭前便后主动洗手，方法正确	—

续表

所属部分	生活习惯与生活能力	
指导建议	帮助幼儿养成良好的个人卫生习惯	鼓励幼儿做力所能及的事情，对幼儿的尝试与努力给予肯定，不因做不好或做得慢而包办代替；指导幼儿学习和掌握生活自理的基本方法；提供有利于幼儿生活自理的条件

三、幼儿盥洗行为的观察要点

保教人员对幼儿盥洗活动的观察可以从盥洗安全、盥洗意识、盥洗能力 3 个方面展开。具体可参考表 3–5–2。

表 3–5–2　幼儿盥洗行为的观察要点

要素	观察要点
盥洗安全	是否能有序排队
	地面是否干燥
	是否拥挤、不打闹
盥洗意识	是否具备主动盥洗的意识
	是否懂得盥洗对身体的好处
	是否乐于学习盥洗的正确方法
盥洗能力	洗手前是否将袖子挽起来
	是否能正确地盥洗
	是否能做到节约用水
	是否能整理自己的物品

四、幼儿盥洗行为的主要影响因素及引导策略

（一）幼儿盥洗行为的主要影响因素

1. 幼儿的年龄特点

不同年龄段的幼儿，表现出来的盥洗问题也不同。

（1）托班、小班幼儿面对低矮的盥洗设施，充满好奇和兴趣，喜欢打开水龙头洗手。但由于手部精细动作尚未充分发展，力气也不够，他们多数不会挽袖子，不会控制水流大小，洗手时经常弄湿衣袖、地面。托班、小班幼儿缺乏顺序性和细致性，不能有意识地识记事物，规则意识相对缺乏，洗手时没有排队等候的意识，人多就容易挤成一堆，经常会粗心大意，往

往洗得不干净，记不住六步洗手法，有时还会忘记关水龙头。

（2）中班、大班幼儿的生活自理能力有所提高，初步具备个人清洁卫生的能力，能够自己洗手。但是随着年龄的增长，幼儿对洗手的兴趣早已经被其他活动所取代。洗手对他们来说只是例行公事，显得乏味、重复又缺乏挑战性。幼儿在洗手活动中容易出现倦怠情绪，洗手时马虎、不专心。同时，中班、大班幼儿的交往愿望强烈，非常喜欢和同伴玩耍、游戏，虽然他们的规则意识开始萌芽，但由于受到玩耍兴趣的驱使，在洗手时常伴随嬉戏打闹等情况。

2. 环境因素

幼儿盥洗行为易受到环境因素影响，应注意以下问题。

（1）盥洗室的物质材料投放是否齐全，如肥皂、洗手液的数量是否足够。

（2）盥洗室的地面和台面是否干净、地面是否干燥，是否有影响幼儿健康或安全的因素。

（3）盥洗室的盥洗空间是否够幼儿使用。

（4）盥洗室的墙面、地面等指导幼儿盥洗的贴图等，其位置是否便于幼儿看到，内容是否能有效指导幼儿盥洗。

3. 成人的影响

除了环境创设与年龄特征，成人自身的行为也会影响到幼儿的盥洗活动。幼儿总是会观察、倾听周围人无意、有意的行为，并由此模仿周围人的行为。不论是家长还是保教人员，与幼儿接触时间最长，在幼儿心中是具有权威的人，是幼儿最爱模仿的对象。因此，成人的盥洗习惯也影响着幼儿良好盥洗习惯的形成。

（二）对幼儿盥洗问题的引导策略

1. 通过活动进行针对性引导

针对不同年龄阶段的幼儿，保教人员应依据其学习与发展特点，合理开展保教活动。

（1）对于托班、小班幼儿，在洗手活动中，保教人员不应一次提出过多的要求，应逐一将洗手环节分解成有趣的一系列程序性活动，如挽袖子、开关水龙头、打肥皂、冲洗肥皂泡等。保教人员可以利用幼儿能够理解的儿歌，和幼儿一起边唱边做，但注意刚开始时保教人员要做好动作示范，并在幼儿的操作过程中不断提示幼儿，让幼儿在不知不觉中学会洗手。

（2）对于中班、大班幼儿。仅靠原来的洗手儿歌，已经不能调动起幼儿洗手的积极性了，保教人员可针对幼儿求知欲强、喜欢探究的特点，组织幼儿展开讨论，使幼儿在讨论中懂得洗手的重要性，激发其主动洗手的意愿，幼儿参与解决问题时获得的感悟会更加深刻；将幼儿平时洗手的场景录制成视频，请大家相互讨论谁的方法正确；引导幼儿一起制定盥洗室的相关规则，如不要在盥洗室追逐打闹、戏水等，并引导幼儿动手制作规则图示，并鼓励幼儿认真遵守、互相提醒。

2. 创设良好的盥洗环境

（1）创设材料丰富、干净整洁的物质环境。定期检查盥洗的材料，确保齐全、摆放有序，便于幼儿拿取；按要求清洁与消毒盥洗室，保持环境卫生、地面干燥。

（2）创设良好的盥洗教育环境。保教人员可以在地面、墙面、镜面上粘贴指导幼儿盥洗的图示，如地面上贴上“小脚印”，便于幼儿排队和保持距离；墙面或镜面上贴上盥洗顺序图示，或者播放盥洗的画面或儿歌，使幼儿能掌握正确的盥洗方法。

（3）安排盥洗时，让幼儿分组进入盥洗室，排队盥洗，避免盥洗室内拥挤，提醒幼儿不要打闹，以防受伤。

3. 发挥榜样的力量

家长和保教人员是幼儿模仿的重要对象，其日常行为随时都会对幼儿发展产生潜移默化的影响。因此，家长和保教人员平时既要善于利用机会，为幼儿做好行为示范，也要及时反思，用自己良好的盥洗习惯去影响幼儿。在托幼机构中，保教人员也可以采取当众表扬的方式，对幼儿进行激励；选择盥洗中表现好的幼儿作为榜样，让其他幼儿学习，鼓励幼儿互相模仿，并学习好的盥洗行为。

▼ 步骤二　活动实施

一、举例说明幼儿盥洗行为的观察要点

通过对生活中某一幼儿盥洗行为的观察，结合幼儿盥洗行为观察要点的主要方面进行说明，如表 3–5–3 所示。

表 3-5-3 幼儿盥洗观察要点的举例说明

主要方面	观察要点举例说明	备注
盥洗安全		
盥洗意识		
盥洗能力		

二、幼儿盥洗行为案例分析

阅读案例，概括案例中幼儿行为产生的主要原因，针对性地给出引导策略。

在盥洗室的环境创设中，我们常会提供许多图示帮助幼儿养成良好的生活习惯，本学期我带了新小班，根据自己以往的经验，我在盥洗室里制作了“洗手步骤图”“等待小脚丫”等图示。但这些图示在实际操作中却带来了一些意想不到的状况。

场景一：浩浩洗手前低头看了一眼地上的小脚印，努力将小脚按照脚印的位置、方向放好。当他准备洗手时，后面的孩子却不断推挤他，还说：“快点呀！快点呀！”

场景二：亮亮和优优冲进了盥洗室，他俩一个直接贴在前面孩子的身上，另一个则将小手伸进了洗手池，和前面正洗手的孩子挤在了一起。我提醒他们要站在小脚印上等。可是没过多久，后面的孩子又挤了上来，两对小脚印上一下子站了 4 个人。

场景三：进入盥洗室后，轩轩打开水龙头冲了冲手，就把小手擦干了。老师请轩轩学一学图示上洗手的方法，用肥皂把手洗干净。轩轩抬头看了一眼图示，又低头随意摸了一下肥皂，随即开水龙头把手一冲了事。

分析与引导策略：

各抒己见 3-5

三、幼儿盥洗行为观察实践与探讨

对所观察的幼儿在盥洗方面的行为观察资料进行整理，对幼儿行为进行分析，并给出相应的建议（可将相关资料粘贴在下方，或者在后面插入纸张）。

任务评价

任务评价表如表 3-5-4 所示。

表 3-5-4　任务评价表

评价指标	评价要点	满分值	自我评价(40%)	小组评价(60%)
举例说明幼儿盥洗行为的观察要点	针对要点举例正确（21 分）	30 分		
	提供案例类型丰富（直接描述、图片举例、视频举例）(9 分)			
幼儿盥洗行为案例分析	行为分析有理有据（20 分）	40 分		
	引导策略具有针对性（20 分）			
幼儿盥洗行为观察实践与探讨	观察资料有记录（10 分）	30 分		
	观察分析有理有据（10 分）			
	提出建议具有针对性（10 分）			
总分		100 分		

说明：任务评价包括自我评价和小组评价，评价时应结合相应评价要点进行评价；小组评价一般由组长负责组织，并结合小组成员的意见进行评价；总得分精确到小数点后两位。

课后练习

一、思考与练习（40 分）

（1）幼儿生活活动行为分析的影响因素有哪些？

（2）幼儿进餐慢的原因主要有哪些，如何进行引导？

（3）幼儿无法及时如厕的原因主要有哪些？

（4）对幼儿盥洗问题的引导策略有哪些？

二、实践活动（60 分）

请对幼儿生活活动中的某一方面进行行为观察记录，并进行分析评价，提出教育建议，将相关内容填入表 3-5-5。

表 3-5-5　幼儿生活活动行为观察

要素	具体内容
基本信息	
观察记录	
分析	
建议	

注：“项目综合评价表”参见附录。

项目四

幼儿游戏活动行为观察与引导

项目四导入

项目导入

> 教人未见意趣，必不乐学。
>
> ——程颐

游戏是幼儿的基本活动，能否发挥幼儿游戏活动的教育意义，能否达成游戏课程的教育目标，取决于家庭及保教人员指导幼儿游戏活动的实践经验和水平。

幼儿游戏活动观察认知

幼儿在游戏活动中的表现最为真实，游戏是观察幼儿的窗口。作为幼儿游戏支持者和引导者的家长和保教人员，需要采用合适的方法细心观察幼儿在游戏活动中的行为。

学习目标

知识目标：

1. 知道幼儿常见游戏活动的相关理论。
2. 理解各年龄段幼儿在不同游戏活动中的特点。

能力目标：

1. 能对幼儿在不同游戏活动中的典型行为进行分析。
2. 能对幼儿在不同游戏活动中的典型行为进行引导。
3. 能运用轶事记录法、行为检核法、等级评定法等方法对幼儿游戏活动中的行为进行观察记录。

素质目标：

通过对幼儿游戏活动中典型行为的分析与讨论，提升人际交往与沟通合作能力，理解观察方法的多样性。

知识导图

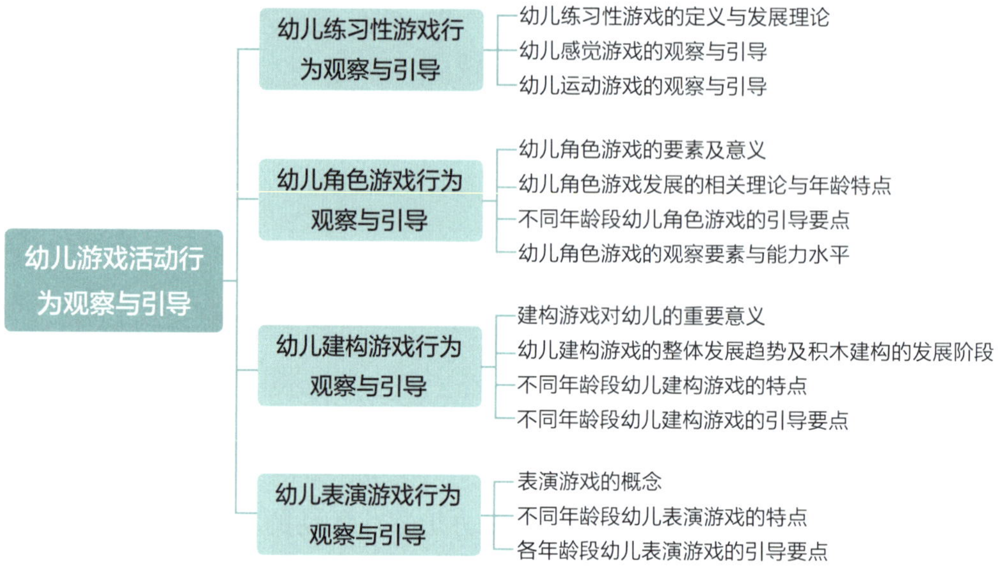

- 幼儿游戏活动行为观察与引导
  - 幼儿练习性游戏行为观察与引导
    - 幼儿练习性游戏的定义与发展理论
    - 幼儿感觉游戏的观察与引导
    - 幼儿运动游戏的观察与引导
  - 幼儿角色游戏行为观察与引导
    - 幼儿角色游戏的要素及意义
    - 幼儿角色游戏发展的相关理论与年龄特点
    - 不同年龄段幼儿角色游戏的引导要点
    - 幼儿角色游戏的观察要素与能力水平
  - 幼儿建构游戏行为观察与引导
    - 建构游戏对幼儿的重要意义
    - 幼儿建构游戏的整体发展趋势及积木建构的发展阶段
    - 不同年龄段幼儿建构游戏的特点
    - 不同年龄段幼儿建构游戏的引导要点
  - 幼儿表演游戏行为观察与引导
    - 表演游戏的概念
    - 不同年龄段幼儿表演游戏的特点
    - 各年龄段幼儿表演游戏的引导要点

任务一 幼儿练习性游戏行为观察与引导

任务情景

邻居家的小依依1岁4个月了，听她的妈妈说，每次遇到台阶的时候，她就喜欢让大人扶着重复地上下台阶，妈妈累得都腰疼，小依依却乐呵呵的。这个阶段的幼儿在游戏上有什么特点呢，日常如何进行引导呢？

任务目标

通过案例准备、案例分析、幼儿行为观察，了解并掌握幼儿练习性游戏的特点、相关理论与政策，以及幼儿感觉游戏和运动游戏的引导策略。

材料准备

笔、纸、多媒体播放设备、计时器、幼儿练习性游戏行为案例。

任务实施

▼ 步骤一 知识准备

一、幼儿练习性游戏的定义与发展理论

（一）练习性游戏的定义

练习性游戏也称为感觉运动游戏、机能性游戏、功能游戏，主要是由简单的重复动作组成，是幼儿为了获得某种愉快体验而单纯重复某种活动或动作，对新习得或不熟练的动作进行练习的游戏活动形式。

（二）幼儿练习性游戏的整体发展

研究指出，练习性游戏始于出生后的4～6个月，在1～2.5岁时最为典型，幼儿将自己的身体作为游戏的中心，反复练习已会动作，从简单的、重复的练习中，尝试发现、探索新的动作，在反复的成功摆弄和练习中，获得愉快的体验。此游戏占幼儿自由活动的一半以上，随着年龄的增长，其出现的频率随之降低，至6～7岁，只占全部游戏的1/6左右。

练习性游戏发生的动因主要是幼儿的感觉或运动器官在运用过程中所获得的愉悦感，主要表现形式为徒手游戏或重复操作物体，以抓、摸、拿等

动作为主，对幼儿来说，这是感知动作的训练。例如，反复地对敲两个小球，反复地把小球放入小车又倒出来等。

（三）让·皮亚杰关于儿童练习性游戏发展的理论

让·皮亚杰通过系统的、长期的观察，推翻了游戏是本能练习的观点，并提出了关于练习性游戏发生、发展的过程。他认为练习性游戏的发生要以动作能力和心理发展的一定水平为前提，把练习性游戏的发生、发展分为 6 个阶段，具体如表 4–1–1 所示。

表 4–1–1　儿童练习性游戏发生、发展的 6 个阶段

阶段	特点
第一阶段：反射练习期（0～1 个月）	此时期婴儿无游戏、无模仿，多为探索性活动，他们面临新的环境时，会通过眼睛观察人和物体，会用手探索周围的事物，通过操作物体和完成一定的任务收集到一些感官信息
第二阶段：初级循环反应期（2～4 或 5 个月）	此时婴儿为了适应环境产生了各种循环反应行为，但这种循环反应更倾向于探究而非游戏。此时，婴儿主要是看着人和物体，并且不时地尝试抓他们面前的东西。3 个月后，婴儿就能够抓、握、检测小目标物。他们检测所有他们能吮吸、揉拧或拉动的东西，碰不到的东西他们就只能看着
第三阶段：二级循环反应期（4 或 5～9 个月）	四五个月后，婴儿能够觉知自己的动作与客体的反应之间的关系，会重复某种动作使“有趣的情景”保持下去。例如，婴儿通过尝试知道推动悬挂着的玩具能使它们摇摆，一旦学会这个行为，婴儿就会反复这一动作
第四阶段：二级图式的协调期（9 或 10～11 或 12 个月）	这个时期婴儿把已有的图式运用到新的情景中去，动作更加灵活。当婴儿学会坐、爬的时候，他们的手就能够自由地去碰、探索、检测以前没碰到的东西。1 岁前，刚学步的婴儿开始和玩具玩，当卡车陷到小坑里时，他们会用声音模仿马达的声音；当狮子出现时，他们会模仿其吼叫
第五阶段：三级循环反应期（11 或 12～18 个月）	此时幼儿能够把互不相关的动作组合起来构成新的活动以“娱乐”自己。例如，幼儿手握玩具偶然从低的台阶上跳下来，把玩具掉在了地上，发出声音并反弹起来，觉得很有意思，之后幼儿都会先站在台阶上跳下来再将玩具扔在地上，然后捡起来，反复玩耍
第六阶段：思维发生期（18～24 个月）	1 岁半以后，幼儿的游戏发生了质的变化，出现了象征性图式。一个幼儿拿着勺子时而放在耳边当作电话，时而“骑马”。这时，游戏情景的产生不再局限于“指示物”（电话），而开始转向“代替物”（勺子）。幼儿接近 2 岁的时候，游戏当中已经包含很明显的主动性。当他们在房屋之间穿梭，像飞机一样发出轰隆声时，他们已在为表征活动时期的象征性游戏做准备了

4-1-2

二、幼儿感觉游戏的观察与引导

感觉游戏是指幼儿通过视觉、听觉、触觉、嗅觉、味觉等多种感觉通道进行的游戏。1 岁前的感觉游戏主要由成人发起和设计。

（一）游戏设计与材料准备的基本要求

幼儿感觉游戏的设计与准备需要符合以下两个基本要求。

1. 符合幼儿的感知觉发展水平

因为不同年龄幼儿的感知觉发展水平是不一样的，所以感觉游戏的准备需要符合其年龄段。例如，新生儿的视觉世界里只有黑白灰 3 种颜色，到了三四个月的时候，才具备区分彩色和非彩色的能力。

2. 游戏材料准备恰当

幼儿感觉游戏对游戏材料的依赖性较强，因此材料设计和准备较为重要。例如，视觉游戏中需要有安全的、可利用视觉辨识的材料；听觉游戏需要提供可以利用听觉辨识的材料，让幼儿辨别声音的位置或者声音的高低强弱等。幼儿感觉游戏材料的准备需注意安全和刺激强度。例如，让幼儿体验酸的味觉，可以用稀释的醋或者果汁，味道不能过重，以免引起幼儿的排斥反应。

（二）游戏前的观察重点

幼儿练习性游戏前的观察包括对幼儿的观察、对游戏环境的观察和对游戏材料的观察，需要观察幼儿的身体状态、游戏意愿，游戏环境的安全性，以及和游戏要求的匹配性，还要观察幼儿对游戏材料的兴趣，判断能否将幼儿对材料的兴趣转换成对游戏的兴趣。

（三）游戏开展时的引导

1. 营造良好的环境

幼儿最早的感觉游戏是听觉游戏和触觉游戏。听觉游戏从成人亲切的呼唤开始，所以成人要注意给幼儿创设语言环境，多与幼儿说话。触觉游戏是全身性的，成人尤其是母亲，要尽可能轻柔地触摸孩子的每一寸肌肤，尤其是其脸部、手心、脚心等部位。视觉游戏需要色彩鲜艳的环境及可以利用视觉辨别大小、形状的实物。

2. 选择合适的时机

选择合适的时机即在幼儿生理和心理发展的基础上引导幼儿游戏。成人要选择幼儿精神状态较好、想要游戏的时候进行游戏，要注意控制游戏的强度，注意不能因为游戏影响幼儿的正常作息。

3. 恰当地处理问题

成人要正确对待幼儿在游戏中的反应，在环境安全允许的情况下，应鼓励幼儿进行感知觉探索。例如，触觉能力是幼儿感知觉发展的基础，不能漠视幼儿触觉能力的发展，更不能禁止幼儿到处摸摸、动动。因为触摸物体是幼儿这个阶段心理发展的需求，剥夺了幼儿的触摸活动，也就剥夺了幼儿发展探索周围事物技能的权利。对幼儿来说，他们的感觉动作技能在触摸的基础上逐渐得以发展。随着年龄的增长，幼儿慢慢学会把感知觉和动作结合起来，这是幼儿智力发展的一大进步。同时，成人应注意分析导致幼儿不能顺利完成游戏的原因，并支持或帮助幼儿解决问题，以促进幼儿的练习性游戏。

三、幼儿运动游戏的观察与引导

幼儿运动游戏是以促进幼儿动作发展为主要目的的游戏，包括大肌肉运动游戏和小肌肉运动游戏。此类游戏可以由幼儿和家长共同进行；可以由成人设计并引导幼儿共同参与；也可以是幼儿独自游戏，由幼儿自主选择游戏内容。例如，幼儿看到一个空的水瓶，不停地打开瓶盖，再拧紧瓶盖，乐此不疲。

（一）游戏的准备和设计

当幼儿已经在生活场景中找到可以利用的游戏材料并实施了游戏行为时，幼儿可以自发、独立地进行运动游戏，成人只需要注意保证幼儿的安全，并分享幼儿游戏时的快乐即可。如果幼儿没有找到合适的游戏内容，或者成人希望借助游戏促进幼儿的动作发展时，就可以选择合适的游戏材料，帮助幼儿进行游戏。例如，为锻炼幼儿拧的能力，可以将幼儿感兴趣且又安全健康、便于幼儿操作的瓶子拿过来，在幼儿的面前拧开，动作要慢，然后拿一个小一点儿的瓶子让幼儿练习拧开和拧上。注意瓶子不要选有液体的、易碎的，最好选择空的、塑料的瓶子。

（二）游戏前的注意事项

游戏进行前，需做如下观察：第一，观察幼儿的动作发展水平和生理发展水平，以确定幼儿目前可达到的水平；第二，观察幼儿的游戏意愿，是否愿意参与成人设计的游戏；第三，观察游戏场所及材料的安全性，注意避免幼儿将小的物体放入嘴或鼻孔内。

（三）成人支持与引导的注意事项

1. 营造良好的游戏环境

成人要为幼儿创造良好的游戏环境，包括物质环境和心理环境，以提高幼儿游戏的兴趣。

2. 选择合适的时机

要在幼儿生理和心理发展的基础上引导幼儿游戏，在幼儿发展的不同时期设计适宜的游戏内容，并考虑幼儿动作发展的个性差异。例如，1～3岁的幼儿可以选择与稳步行走、跑步、攀登楼梯、跳跃、单脚站立、翻滚、走平衡木、抛接球等动作相关的游戏。另外，还要选择合适的时机与幼儿一起游戏。

3. 可能出现的问题及解决方法

如果幼儿对游戏不感兴趣，应调整游戏内容和游戏难度，更换强化物等。如果游戏难度超过幼儿的实际水平，要降低难度、循序渐进、加强练习，注意控制游戏的强度。尤其注意用餐后半个小时内不能进行大肌肉动作的游戏。

▼ 步骤二　活动实施

一、举例说明幼儿练习性游戏行为的观察要点

通过对幼儿练习性游戏的观察，举例说明其中的观察要点，如表4–1–2所示。

表4–1–2　幼儿练习性游戏行为观察要点的举例说明

主要方面	观察要点举例说明	备注
幼儿的状态与意愿		
游戏环境的安全性及其与游戏要求的匹配性		
幼儿对游戏材料的兴趣及对游戏的兴趣		

二、幼儿练习性游戏行为案例分析

阅读案例，分析案例中幼儿的练习性游戏行为，并结合案例提出引导策略。

佳佳（19 个月，女孩）吃完饭后，拿着一盒数字积木放在垫子上摆了起来。她看到旁边放着一根绳子，便拿起绳子看了看，然后又拿起一个数字积木穿过绳子，当数字积木很顺利地穿过了绳子后，她又拿了一个积木继续穿起来。等穿到绳子的顶端，她提起了绳子，结果数字积木全部掉了下去。她看了看，就又拿着数字积木穿了起来。当穿到绳子的顶端，她再一次提起绳子，结果数字积木又全部掉了下去。这时候，佳佳叫妈妈过来，说："妈妈，积木掉。"妈妈看了看，笑着对佳佳说："没关系的，妈妈给你系一个大大的结，积木就不会掉了。"妈妈一边说一边给绳子的一端打了一个大大的结，佳佳高兴地又开始穿了起来，一会儿又穿到了绳子的顶端，这次她提起来后，数字积木没有掉下去。佳佳高兴地拿着一串数字积木挥舞着，之后将数字积木一个一个地拿了下来，又开始重新穿。就这样反反复复了 6 次，她一直在垫子上玩穿数字积木的游戏。

分析与引导策略：

各抒己见 4-1

三、幼儿练习性游戏行为观察实践与探讨

对所观察的幼儿在练习性游戏方面的行为观察资料进行整理，对幼儿行为进行分析，并给出相应的建议（可将相关资料粘贴在下方，或者在后面插入纸张）。

任务评价

任务评价表如表 4–1–3 所示。

表 4–1–3　任务评价表

<table>
<tr><th>评价指标</th><th>评价要点</th><th>满分值</th><th>自我评价
（40%）</th><th>小组评价
（60%）</th></tr>
<tr><td rowspan="2">举例说明幼儿练习性游戏行为的观察要点</td><td>针对要点举例正确（21 分）</td><td rowspan="2">30 分</td><td rowspan="2"></td><td rowspan="2"></td></tr>
<tr><td>提供案例类型丰富（直接描述、图片举例、视频举例）（9 分）</td></tr>
<tr><td rowspan="2">幼儿练习性游戏行为案例分析</td><td>行为分析有理有据（20 分）</td><td rowspan="2">40 分</td><td rowspan="2"></td><td rowspan="2"></td></tr>
<tr><td>引导策略具有针对性（20 分）</td></tr>
<tr><td rowspan="3">幼儿练习性游戏行为观察实践与探讨</td><td>观察资料有记录（10 分）</td><td rowspan="3">30 分</td><td rowspan="3"></td><td rowspan="3"></td></tr>
<tr><td>观察分析有理有据（10 分）</td></tr>
<tr><td>提出建议具有针对性（10 分）</td></tr>
<tr><td colspan="2">总分</td><td>100 分</td><td colspan="2"></td></tr>
</table>

说明：任务评价包括自我评价和小组评价，评价时应结合相应评价要点进行评价；小组评价一般由组长负责组织，并结合小组成员的意见进行评价；总得分精确到小数点后两位。

任务二　幼儿角色游戏行为观察与引导

任务情景

中班角色游戏开始了，看着幼儿在“超市”的活动，崔老师想观察幼儿的角色游戏行为。她该重点观察幼儿的哪些方面，又该如何结合幼儿年龄对幼儿角色游戏行为进行引导呢？

任务目标

通过案例准备、案例分析、幼儿行为观察，了解并掌握幼儿角色游戏的特点、相关理论与政策，以及幼儿角色游戏的引导策略。

材料准备

笔、纸、多媒体播放设备、计时器、幼儿角色游戏案例。

任务实施

▼ 步骤一　知识准备

一、幼儿角色游戏的要素及意义

（一）幼儿角色游戏的定义及基本结构要素

幼儿角色游戏是指幼儿运用模仿和想象，通过扮演角色创造性地反映周围生活的游戏。

主题、角色、动作和规则是角色游戏的基本结构要素。其中，所谓主题，就是幼儿在游戏中所反映的生活经验的内容。通过幼儿的游戏内容，保教人员可以直接观察到幼儿所感兴趣的游戏主题。主题（如“娃娃家”“医院”等）是核心要素，直接决定游戏中的角色、动作与规则，决定了角色游戏的社会性。

（二）幼儿角色游戏的意义

角色游戏是幼儿最主要的游戏活动类型之一，也是幼儿最喜爱的游戏之一。

角色游戏具有象征性的特点，包括以虚假的环境象征真实环境，以扮演的角色替代真实角色，以玩具、游戏材料等代替现实生活中的真实物品等。正是这种象征性功能，使幼儿在角色游戏中，将想象活动与现实活动创造性地结合起来，将假想性和真实性巧妙地结合起来，从而表现出角色游戏特有的魅力。

在实际课程组织中，因各地区对角色游戏的理解和认识不同，有的把角色游戏归为游戏区活动，有的将其归为单独组织开展的游戏活动，如一周一次、一周两次、一周三次。但不管哪种组织形式，角色游戏已俨然成为课程组织中不可缺少的一部分。

二、幼儿角色游戏发展的相关理论与年龄特点

（一）让·皮亚杰关于儿童象征性游戏发展的理论

幼儿 2 ～ 7 岁为象征性游戏阶段，这一时期幼儿的主要活动就是游戏。角色游戏是其主要形式。这个时期由于幼儿的语言有了很大的发展，但是还不能完全依靠语言进行抽象思维，而主要依靠表象来进行思维。在游戏中，儿童的象征性活动主要表现在以物代物、以人代人、以假想的情景和行动方式将现实生活和自己的愿望反映出来。

1. 2 ～ 4 岁的幼儿

2 ～ 4 岁幼儿的象征性游戏大量出现，并达到发展的高峰期。高峰期内，幼儿的象征性游戏涉及 3 种发展水平。

（1）象征性的投射：幼儿会将象征性图式、模仿性图式扩展到新的对象上。例如，幼儿不仅拿遥控器当电话，也会拿其他物品当电话。

（2）象征性的认同：幼儿往往喜欢尝试以一物代替另一物，或假装自己是他人、他物。例如，当妈妈说到小猫时，孩子一边用两手在两边比画，一边发出“喵喵”的叫声。

（3）象征性的联合：幼儿更倾向于在游戏中通过各种联合再现现实中与他人交往的积极或消极情感。这包括简单的联合（如把玩具熊当医生，让它给别的玩具看病）、补偿性的联合（如大人不让孩子游泳，孩子搂着游泳圈做出游泳的姿势，假装在游泳）、清算性的联合（如孩子犯错误，父母让他罚站，之后他把玩偶扔在角落，说让它罚站）、预期性的象征性联合（如妈妈想带孩子去医院，她以娃娃不喜欢打针为理由拒绝）。

4-2-2

2. 4～7 岁的幼儿

4～7 岁的幼儿随着同化和顺应的活动逐渐协调，他们的表征活动的“自我中心”倾向也不断减弱。象征性游戏开始进入“下降期”。这时的下降是指象征性游戏减少了以自我为中心的嬉戏性而逐渐出现接近现实性的模仿。此时，象征的联合的秩序性和连贯性增强，逼真、准确地模拟现实的要求增强，并出现集体的象征，即社会性主题游戏，如过家家、去医院等。

3. 7～12 岁的孩子

7～12 岁是象征性游戏的结束期。象征性游戏在这一阶段向两个方向发展：一是规则游戏代替象征性游戏，二是象征性游戏转变为建构游戏。

（二）小班幼儿角色游戏的特点

1. 角色扮演水平

小班幼儿的角色意识不强，游戏时往往意识不到自己正在扮演某一角色，仅仅满足于摆弄材料和玩具，停留于重复相同的动作。小班后期角色意识逐渐增强，但缺乏角色的规则意识。

2. 游戏内容水平

小班幼儿的角色游戏没有明确的主题，游戏直接依赖于玩具，通常是面前有什么玩具就玩什么游戏，离开了玩具游戏也就停止了。到了小班后半期，才逐渐固定下来，主题范围主要是他们所熟悉的家庭生活或幼儿园生活。游戏情节是片段的、凌乱的，经常会转移注意力，不能始终按照角色的要求来行动。

3. 材料使用水平

小班幼儿对玩具的选择通常依据玩具的刺激性，而不是自身的喜好。他们喜好模仿，看到别人玩什么，就扔掉自己手上的玩具去玩别人的东西。到了后半期，幼儿不再只模仿他人，而能够根据自己的兴趣使用材料，但这些材料通常是实物或模型，形象性很强。

4. 社会能力水平

小班幼儿正处于平行游戏的高峰期，喜欢和同伴玩同样或相似的游戏，游戏没有组织者，同伴之间几乎没什么交往，但同伴间会相互借还玩具，或进行简单的对话评论。

（三）中班幼儿角色游戏的特点

1. 角色扮演水平

中班幼儿角色意识明确，能够为自己选择感兴趣的角色，中班幼儿喜欢的角色往往是在社会生活中有权威感、能支配其他角色的“中心角色”。集体游戏中由于“中心角色”太少，幼儿在角色分配时容易发生纠纷。中班幼儿游戏中能够根据经验、按照角色要求行动，但还不能与其他角色进行有效配合。此外，中班幼儿的性别意识有了进一步的发展，他们在游戏中选择角色时开始出现性别差异，不同性别的幼儿喜欢扮演与自身性别相适宜的角色。

2. 游戏内容水平

中班幼儿角色游戏的内容比小班广泛。游戏主题仍以日常生活为主，但游戏主题仍不稳定，经常出现半路换场的现象。游戏情节也比较简单，但序列化，在选择角色后，幼儿能够简单设计游戏的情节，将某个角色的几个不同的动作排列起来，使之具有一定的连贯性，如在“娃娃家”中，妈妈先喊爸爸起床，再给孩子洗脸喂饭；汽车司机先把车开到北京，再开到上海，最后开到武汉。

3. 材料使用水平

中班幼儿能够按照角色要求使用替代物，这些替代物与真实物体具有外形上的相似性，如木棍代替针筒，扫把当马骑等。

4. 社会能力水平

中班幼儿正处于联合游戏阶段，幼儿喜欢集体游戏。幼儿与同伴交往的愿望变得更为自觉，更加强烈，针对多角色的集体游戏表现出特殊的兴趣；能够在一定程度上按照游戏的要求进行协商、配合，但交往技能比较欠缺，常常与同伴发生纠纷；能够进行简单的对话，对话的内容围绕材料出现，如对材料的借还、对游戏结果的评议等。

（四）大班幼儿角色游戏的特点

大班幼儿角色游戏水平很高，各个因素越来越完善，而且经常与其他游戏结合开展。

1. 角色扮演水平

大班幼儿角色意识明确，能协调角色间的关系，反映了较为复杂的人际关系，角色间行为互动和谐；角色扮演逼真，能够根据主题反映角色的主要职责，实现游戏目的。

2. 游戏内容水平

大班幼儿角色游戏的主题广泛丰富，比较稳定，能反映幼儿所理解的社会生活中的各种事物与现象；游戏内容丰富，有明显的目的性、计划性、独立性，情节符合生活逻辑，富有创造性。

3. 材料使用水平

大班幼儿能够不拘泥于材料外形上的相似，有时还能借助于想象力，用语言、动作替代；会自制玩具，充分运用材料开展游戏。

4. 社会能力水平

大班幼儿角色游戏处于合作游戏阶段，幼儿能够依据游戏情节的发展和角色身份进行有意义的沟通，同时能够在游戏外以自然人身份进行沟通；喜欢与同伴一起游戏，要求与同伴进行有目的、广泛、友好的交往；对游戏规则有足够的认识，能独立解决游戏中的问题，克服游戏中的困难；对游戏评议表现积极。

三、不同年龄段幼儿角色游戏的引导要点

幼儿喜欢重复玩相同主题的游戏，但每次游戏都会有不同的表现，游戏水平逐步提高。例如，幼儿园小、中、大班的幼儿都喜欢玩“娃娃家”游戏，每个年龄段也都会创设相应的主题游戏区，但不同年龄段区域的布置、材料的投放、幼儿扮演的水平、对幼儿引导的策略各不相同。因此，在幼儿游戏时一方面要提供充足的游戏时间，以满足其游戏的基本需要；另一方面要根据不同年龄段幼儿的特点进行针对性的引导。

（一）小班幼儿角色游戏的引导要点

1. 游戏前

（1）设计主题。主题的设计不是要求幼儿按照教师的意志选择游戏，而是教师通过创设主题游戏环境，激发幼儿的兴趣，使幼儿自愿投入游戏主题中。为小班创设的游戏主题以幼儿的日常生活为主，主题范围逐步扩展。

（2）准备材料。创设游戏主题环境，为幼儿提供种类少（三四种）、数量多且形状相似的成品，以保证每个幼儿都能拿到玩具，避免因为玩具发生争吵，满足幼儿平行游戏的需要。

2. 游戏中

（1）引导内容。教师要帮助幼儿明确游戏主题并引导他们逐步稳定游戏主题，用分配的方式确定角色，挖掘生活经验，引导他们与同伴进行各种游戏内外的交往，培养游戏规则意识；丰富游戏内容和情节，培养幼儿独立游戏的能力。小班角色游戏观察与引导的重点是角色游戏的构成要素是否齐备。

（2）引导方法。教师应采用平行游戏的方式，以角色渗透法进行引导。教师在幼儿附近操作游戏材料，目的在于引导幼儿模仿，进行暗示性引导；或者教师以角色的身份参与到游戏中，以游戏的口吻指导幼儿。

3. 游戏后

（1）整理环境。教师带领幼儿收拾游戏材料和玩具并摆放到指定位置，整理游戏场地，培养幼儿参与整理的意识，学习整理的行为。

（2）分享评议。教师采用再现式评议的方式，再次为幼儿提供互相模仿的机会。再现的重点是玩具的操作，以及了解游戏动作与角色名称的关系，讲评的重点是结合游戏内容讲评幼儿对同伴、对玩具、对规则的态度，评议重点是幼儿的角色扮演和主题的稳定性。

（二）中班幼儿角色游戏的引导要点

1. 游戏前

（1）设计主题。为中班幼儿创设的游戏主题仍然以幼儿的日常生活为主，但范围更广泛，包括的角色越来越多元。

（2）准备材料。营造开放的游戏环境；增加半成品及废旧物品材料，满足幼儿想象和创造的需要；鼓励幼儿参与游戏环境和材料的准备。

2. 游戏中

（1）引导内容。开始部分要引导幼儿按自己的意愿提出主题，协商确定共同主题，设计游戏情节，培养他们先构思后行动的能力，指导幼儿学会分配角色，教会幼儿用轮流担任、谦让、猜拳等方法解决争端；过程部分要引导幼儿拓展游戏主题，加深对角色的理解，掌握交往技能及相应的规范，学会解决问题纠纷的方法。引导重点是观察解决游戏中的纠纷。

（2）引导方法。要采用合作游戏的方式，以角色渗透法进行引导，提高幼儿角色扮演水平、合作交往水平，丰富游戏内容。

3. 游戏后

（1）整理环境。要引导幼儿收拾游戏材料和玩具，摆放到指定位置，整理游戏场地，使幼儿逐步形成良好的行为习惯。

（2）分享评议。要将再现式评议与教师讲评结合，以专题讨论和现场评论为主，提高幼儿分析问题和解决问题的能力。评议重点是游戏纠纷的解决。

（三）大班幼儿角色游戏的引导要点

1. 游戏前

（1）设计主题。教师要鼓励幼儿自由选择游戏主题，在日常生活的基础上，创设更广泛的社会生活主题，设置更多复杂的角色关系。

（2）准备材料。教师要指导幼儿自己创设主题角色游戏环境，准备游戏材料，自制玩具。

2. 游戏中

（1）引导内容。教师要培养幼儿独立开展游戏的能力，指导幼儿拓宽主题，建构新主题；独立组织游戏和设计游戏，学习有效处理困难与纠纷的方法，提高解决问题的能力；引导幼儿开展更广泛更深入的沟通交流。重点是促进角色游戏主题、情节、内容的发展。

（2）引导方法。教师要用语言引导的方式，对幼儿进行个别的提示与建议；用语言提示和材料提供的方式帮助幼儿回忆经验，促进游戏的发展。

3. 游戏后

（1）整理环境。幼儿独立收纳材料，整理环境，巩固良好的行为习惯。

（2）分享评议。采用讨论的方式，组织幼儿对游戏中的言行进行评价，包括对自己、对同伴的评价，强化良好的言行，纠正错误的言行。大班幼儿重视评议，也喜欢相互评议，因此应为幼儿提供较多表达的时间和机会，让他们把体验、问题、有创意的想法和做法叙述出来，鼓励互相评议，共同分享经验。教师是评议过程的参与者、发问者、倾听者、支持者。评议重点是讨论问题、分享经验，培养幼儿分析问题的能力。

四、幼儿角色游戏的观察要素与能力水平

从角色游戏的结构和要素来看，我们可以从角色扮演、游戏内容、材料使用和社会能力 4 个方面来观察分析幼儿角色游戏的发生与发展，如

表 4–2–1 所示。

表 4–2–1　幼儿角色游戏的观察要素与能力水平

观察要素		能力水平
角色扮演	角色转换	指向自己
		扮演他人
		扮演他物
	角色意识	无角色意识，由材料诱发角色行为
		提出角色名称，但不能坚持
		能坚持扮演某一角色
	角色分配与轮流	无角色分配
		有角色分配，但无轮流意识
		自主分配角色且有较强轮流意识
游戏内容	游戏主题	家庭生活中的人物与情节
		家庭之外的社会生活
	游戏情节	情节单一、重复
		情节丰富，有内在逻辑线索，但具有随意性
		能够预先计划游戏情节
材料使用		真实物品
		类似真实物品的玩具，与真实物品的形式相似但功能不一致的物品
		形式与功能都不同于真实物品的物品
		无须物品支持，仅用言语和肢体动作
社会能力		无任何社会性活动
		有简单的同伴互动
		有互补的角色互动

▼ 步骤二　活动实施

一、举例说明幼儿角色游戏的观察要点

通过对幼儿角色游戏的观察，举例判断幼儿的角色游戏能力水平，如表 4–2–2 所示。

表 4-2-2　幼儿角色游戏能力水平的举例说明

观察要素	游戏水平判断举例说明	备注

二、幼儿角色游戏观察案例分析

阅读案例，分析案例中幼儿冰冰的角色游戏行为，并针对性地给出引导策略。

中班角色游戏开始，女孩冰冰选择了“售卖区”后就开始整理餐具。其间，男孩彤彤来买东西，直接拿了桌上的茶壶和平底锅。冰冰说：“欢迎光临。”但是，冰冰没有看着客人，只是忙着整理柜台上的物品。过了一会儿，男孩威威来买东西。冰冰边招呼客人边摆放物品。6 分钟后。货柜上的“餐具”摆放整齐了。

明明来买东西，他没有说话，冰冰主动拿了个炉具塞给他。这时明明看上一个小锅，问：“这个多少钱？”冰冰一边说：“看看你有多少钱？”一边拿过明明的“钱盒”走到里面，背对着明明打开钱盒，拿出四五张钞票，转过身给明明看了看她拿了几张钞票，再把钱盒还给明明。然后，冰冰把钱放进自己的钱盒里，又继续整理物品。

后来，丁丁来了，他手里拿着好多硬币。他把硬币全部放在柜台上，说要买 3 个彩色勺子。冰冰说：“我来数，1、2、3……8 块就够了。”冰冰看到丁丁手里有一张纸币，接着说：“再加一百才够呢。”丁丁说：“我要的东西还没拿呢。”冰冰顺手递给他一个汤勺，丁丁说：“我不是要这个。”于是，丁丁自己拿了 3 个彩色勺子走了，冰冰又赶紧把钱收到自己的钱盒里。

游戏开始大约 20 分钟后，冰冰离开了自己的店，到了材料区。约 4 分钟后，冰冰回来了。她给餐具店贴上了一个自己画的关门的标记。然后她拿了一张 100 元的纸币，手里还拿了一张小的长方形纸，离开了自己的店。我趁机问她：“老板，刚刚你不在，有几个客人想买东西呢。你去哪了？”“我关门了，我要拿着船票去坐轮船了。”说完她就跑开了。

分析与引导策略：

各抒己见 4-2

三、幼儿角色游戏观察实践与探讨

对所观察的幼儿在角色游戏方面的行为观察资料进行整理，对幼儿行为进行分析，并给出相应的建议（可将相关资料粘贴在下方，或者在后面插入纸张）。

任务评价

任务评价表如表 4-2-3 所示。

表 4-2-3　任务评价表

评价指标	评价要点	满分值	自我评价（40%）	小组评价（60%）
举例说明幼儿角色游戏的观察要点	针对要素的游戏水平判断正确（21 分）	30 分		
	提供案例类型丰富（直接描述、图片举例、视频举例）（9 分）			
幼儿角色游戏观察案例分析	行为分析有理有据（20 分）	40 分		
	引导策略具有针对性（20 分）			
幼儿角色游戏观察实践与探讨	观察资料有记录（10 分）	30 分		
	观察分析有理有据（10 分）			
	提出建议具有针对性（10 分）			
总分		100 分		

说明：任务评价包括自我评价和小组评价，评价时应结合相应评价要点进行评价；小组评价一般由组长负责组织，并结合小组成员的意见进行评价；总得分精确到小数点后两位。

任务三　幼儿建构游戏行为观察与引导

任务情景

老师指导大班幼儿建构"飞机场"，幼儿小玉说出了自己的想法，老师问了其他幼儿的意见后，对小玉的想法给予了支持。幼儿建构游戏中老师应该如何观察与引导呢？

任务目标

通过案例准备、案例分析、幼儿行为观察，了解并掌握幼儿建构游戏的特点、相关理论与政策，以及幼儿建构游戏的引导策略。

材料准备

笔、纸、多媒体播放设备、计时器、幼儿建构游戏行为案例。

任务实施

▼ 步骤一　知识准备

一、建构游戏对幼儿的重要意义

建构游戏，也称结构游戏，是指幼儿按照一定的计划或目的来组织游戏材料或其他物体，使之呈现出一定的形式或结构的活动，如搭积木、做泥工、插积塑、堆雪人、玩沙、玩泥等。建构游戏对幼儿的重要意义如下。

（一）能发展幼儿手的协调动作

建构游戏中的操作较多，能使幼儿的手指、手腕、手臂肌肉的力度和灵活性得到充分的锻炼。建构游戏是手眼协调、手脑并用的结果，能使幼儿的感觉器官更加灵敏，为幼儿发展感知运动技能提供充分的机会，为幼儿的各项学习活动打下良好的基础。

（二）能促进幼儿创造思维的发展

建构游戏中的活动是以丰富的想象和创造思维为基础的。幼儿为了表现出自己的想象力，要考虑选择何种材料、多少材料、如何排列和组合等，能促进幼儿感知觉、观察力、形象记忆力、想象力，以及设计和布局能力的发展，培养幼儿建构的目的性、计划性和创造性。

（三）能丰富幼儿的知识和经验

建构游戏以幼儿的知识和经验为基础，是幼儿对生活认识的反映。幼儿通过建构活动能获得关于建构材料的性质和用途的相关知识，以及关于物体结构特征，各部分大小、长短、轻重、高矮等比例关系和空间方位等知识。通过建构活动，幼儿也能取得组合、堆积、排列各种形体材料的多种经验。

（四）能培养幼儿良好的个性品质

建构游戏可以在自然的游戏情境中培养幼儿集中注意力、沉着冷静、坚持到底等良好品质，也能为幼儿提供更多合作游戏的机会，有助于幼儿养成同伴互助、材料共享等亲社会行为。

二、幼儿建构游戏的整体发展趋势及积木建构的发展阶段

（一）幼儿建构游戏的整体发展趋势

1. 萌芽

1 ～ 1.5 岁是幼儿建构游戏萌芽的重要时期。这一时期，幼儿在日常生活和游戏中逐渐掌握了人类一些较为简单的基本动作，手的操作技能获得了一定的发展，能够进行简单的神经协调动作。另外，幼儿在大约 1 岁以后，开始能够发现物体的形状、大小、远近、方位等空间特性，具备较为复杂的空间想象力和知觉，且能够渐渐开始了解物体之间的关系，因此能够对两个物体进行空间安排，会垒积木、套叠等。这是幼儿最初的建构活动的萌芽。但这时幼儿建构活动的特点是只能在数量有限的材料之间进行排列组合，一般是两物、三物，基本上仍属于摆弄，且无构造意识。

2. 无意构造

1.5 ～ 3 岁，幼儿建构游戏发展到无意构造的时期。幼儿在建构游戏中最初的创造性想象只是一种无意的自由联想，这时幼儿仅仅是把建构游戏的材料元件无目的地放在一起，并未注意材料的形状、大小、接插过程中材料元件之间的对应关系。由于手眼协调能力发展的局限，幼儿材料操作的准确性差，但他们对结果并不关心，一般来说，只要能够将材料连接、拼插到一起就可以了。另外，幼儿会对自己的建构作品赋予意义，通常是

根据作品本身某一明显的外部特征与相似的实物联系起来进行的，如搭好的方形建构物可以是电视机、凳子等。

3. 想象构造

3～5岁的幼儿在进行建构活动之前能够先有构造意图，进行想象构造。随着生活经验的丰富，幼儿头脑中对物体表象、空间关系等的认知有了较多的积累。因此，在建构游戏中，他们能够凭借对实物的表象认识进行操作。随着操作技能的熟练，幼儿能够将自己的想象表现在作品中，实现自己的构造目的。但通常这样的想象构造一般都是幼儿熟悉的主题，因为只有十分熟悉，表象才会清晰，建构活动才会顺利完成。

4. 模拟构造

模拟构造是模仿建构实例或图纸进行构造的活动。4岁以后，随着观察能力的提高，幼儿开始能够发现建构造型实例中形状、大小、颜色的规律和特点，并据此进行准确的模拟对应。模拟构造的主要目的是促进幼儿建构技能与造型技能的学习，培养他们的模仿能力与操作能力。由于模仿学习是幼儿学习的主要方法，也是他们进行创造活动的前提，所以模拟构造是建构游戏的基本指导形式。

5. 自由构造

自由构造是在想象构造和模拟构造的基础上进行的创造性加工。这时幼儿的操作得心应手，空间知觉能力和想象力得到发展，能构思出许多巧妙的作品，作品表现力更强。

（二）幼儿积木建构的发展阶段

幼儿的积木建构能力是随不同年龄逐步发展起来的，主要表现为以下几个阶段。

1. 第一阶段——搬弄

这通常是两岁以下幼儿的典型行为。他们只把积木拿来拿去，并不搭建什么东西，主要是感知积木的重量和触摸积木，或试图发现哪一块积木能用一只手抓起，或一只手可以抓住几块积木等。

2. 第二阶段——重复

当幼儿刚刚开始搭积木时，通常用的是一样大小的积木或积砖。此时，幼儿只是简单地把它们一块一块地往上叠起来，或者一块一块地平铺成一列，或者试图将积木堆高，然后再推倒，这样重复进行，并不注意重叠或排列是否整齐，只注意能叠多高、能铺多长。渐渐地，幼儿开始更细心地进行重叠或排列，有时还会将这两种形式结合起来玩。

3. 第三阶段——搭建

约 3 岁时，幼儿开始探索如何用一块积木把其他两块积木连接起来，搭成一个可以让小汽车开进开出的“门”。类似技能的逐渐发展，幼儿开始慢慢搭桥和楼房等。

4. 第四阶段——围合

这个阶段幼儿逐渐发现，几块积木可以围起来形成一个封闭的空间。于是，“家”“动物园”“车库”等较高级的建构物，便在幼儿的手中产生了。

5. 第五阶段——模型

这个阶段，幼儿会自己发现并利用对称和平衡的原理来建造模型。渐渐地，幼儿所建造出来的模型越来越复杂，他们也越来越有兴致，不断利用先前的经验来改进模型，并使之逐渐具有了美学上的质量意义。

6. 第六阶段——再现

这个阶段，幼儿会为所建造的东西命名，使它成为现实生活中某一种物体的象征性代表。在建造模型前，幼儿便有了再现某种东西的设想或计划，而且还会出现合作行为，这促进了幼儿社会性交往能力的提升。

三、不同年龄段幼儿建构游戏的特点

总体来看，各年龄段幼儿建构游戏的特点主要体现在游戏的目的性、游戏材料的选择、建构技能水平、游戏的社会性等几个方面。

（一）小班幼儿建构游戏的特点

1. 游戏的目的性

小班幼儿建构游戏缺乏目的性和计划性，他们还不会按照预先想好的形象建构物体，只是对操作动作本身感兴趣，常会无目的地摆弄结构元件。到小班后期，在成人引导下，幼儿逐渐能围绕一个主题进行建构，但主题很不稳定，还不能利用结构玩具开展游戏。

2. 游戏材料的选择

小班幼儿选用结构材料盲目、简单。幼儿有目的地使用材料和无目的地使用材料的比例相当，他们还不能意识到材料是用来搭建的，只是把材料当成嬉戏的玩具；选择的材料多为四方体，只作为铺平、叠高之用，对颜色要求也不高。

3. 建构技能水平

小班幼儿建构技能简单、重复。小班幼儿建构游戏以简单的平铺、延伸、堆高为主，只是规则的累加，没有任何顺序，游戏过程也是进行技能练习的过程。

4. 游戏的社会性

对游戏的坚持性较差。小班幼儿注意力水平低，游戏易受外界因素的影响，游戏目的保持的时间只有 5 ～ 10 分钟。

（二）中班幼儿建构游戏的特点

1. 游戏的目的性

中班幼儿游戏的目的比较明确。他们能初步了解建构游戏的计划，能按主题进行建构活动，但主题单一，新颖独特性不够。相较于小班幼儿，他们既对操作过程有浓厚兴趣，也关心建构的成果。

2. 游戏材料的选择

中班幼儿选择材料的目的明确。中班幼儿对结构材料比较熟悉，能够围绕结构物开展游戏，能将材料的形状与生活经验相结合，力求形状的逼真，对材料的使用比较刻板，仅限于形状的建构。

3. 建构技能水平

中班幼儿以架空技能为主（大而空）。不同于小班幼儿专注于累加，中班幼儿具有了一定的架空技能，所建构的物体大且有空洞；已经能独立建构一些较复杂的物体，能按要求美化结构物。

4. 游戏的社会性

中班幼儿游戏的坚持性和互动性有所提高。由于自我调节能力的发展，中班幼儿在建构游戏时保持注意力的时间更长；同时，同伴间的交流也比小班时更多，能主动邀请同伴共同搭建，但还不能根据某一目标明确分工，合作性不强。

（三）大班幼儿建构游戏的特点

1. 游戏的目的性

大班幼儿建构游戏的目的性进一步加强，能够围绕一个主题开展持续一周的建构活动。大班幼儿已经不只把建构活动视为独立的游戏，他们将建构游戏与象征性游戏有机融合，利用建构物，将游戏延伸为角色游戏或表演游戏，协商建构综合的游戏主题。

2. 游戏材料的选择

大班幼儿对游戏材料的选取丰富、多样。除积木外，大班幼儿对其他材料也很感兴趣，尤其是自己利用废旧物品开发出的独特材料。

3. 建构技能水平

大班幼儿的建构技能日趋成熟。大班幼儿的建构技能向着精细化、综合化的方向发展，力求反映物品的细节。由于掌握了许多建构技能，他们在建构活动中追求结果的逼真和漂亮，希望自己的作品有新意。

4. 游戏的社会性

大班幼儿的合作水平提高。他们集体观念增强，能够做到分工合作，在教师的引导下，能几个人在一起合作建造一样东西，材料的选择和取放能够考虑到同伴的需要。

四、不同年龄段幼儿建构游戏的引导要点

（一）小班幼儿建构游戏的引导要点

1. 游戏前

教师要引导幼儿学习认识各种建构元件，能叫出材料的名称，能认识建构材料的大小、形状、颜色；示范建构的基本技能；为幼儿安排场地，准备数量充足的建构材料，做到每人一份；注意游戏材料的适宜性，应提供木质小型积木、大型轻质积塑、辅助材料（小动物玩具、交通工具模型、平面板、小筐等）。

2. 游戏中

（1）在内容上，教师可以通过创设情境激发幼儿的兴趣；建立建构游戏的简单规则；让幼儿学习并练习平铺、延长、围合、盖顶、加高等建构技能，鼓励幼儿尝试独立操作；鼓励幼儿给建构物命名；引导幼儿在游戏过程中理解上、中、下、旁边等方位词。

（2）在方法上，教师可以同伴的身份采用游戏的口吻边讲解边示范，在幼儿遇到困难时给予帮助；可以手把手地指导幼儿的建构动作，让他们感受建构时的力度、角度。

3. 游戏后

教师要教给幼儿整理和保管结构物的简单方法，带领幼儿采用游戏的方式参加整理环境的部分工作，培养幼儿爱护玩具的习惯。

（二）中班幼儿建构游戏的引导要点

1. 游戏前

教师利用各种活动，结合各科教学，丰富幼儿的生活经验，增加幼儿关于各种常见事物建构造型方面的知识；提供适宜的游戏材料，包括大、中、小型材料，以及辅助材料（人偶、小动物、假花、假树、交通工具模型、废旧材料、橡皮泥）。

2. 游戏中

（1）在内容上，教师应注重提高幼儿的建构技能水平，使其了解如何运用技能塑造物体；引导幼儿学习设计方案，有目的地选择材料并依方案进行建构；鼓励幼儿独立建构和参与小组建构。

（2）在方法上，教师可采用示范、讲解相结合的方式指导，当幼儿需要帮助时用建议和启发的方法给予点拨，鼓励幼儿独立进行创造性的建构活动。

3. 游戏后

教师应指导幼儿采用改变搬运方法的形式整理玩具；组织幼儿评议建构成果，鼓励他们表达自己的看法。

（三）大班幼儿建构游戏的引导要点

1. 游戏前

教师应丰富幼儿的建构造型知识和生活表象，引导幼儿为建构游戏收集素材，保证游戏的主题和内容能够不断发展；为幼儿提供广泛适宜的材料，包括大小不同的积木、废旧物品及其他辅助材料。

2. 游戏中

（1）在内容上，指导幼儿学会制订计划，并按计划独立建构；通过语言提示使幼儿掌握新的建构知识和技能，以表现结构物的细节，会用辅助材料进行装饰；引导幼儿发起参与人数多、持续时间长的大型建构活动，与同伴合作完成结构较复杂的物体。

（2）在方法上，教师可以观察为前提，采用语言提示、点拨的方式进行引导，鼓励幼儿创造性地、有目的地再现物体。

3. 游戏后

教师应鼓励幼儿独立整理环境，将材料归位；教育幼儿重视建构成果，通过展览会、开放日等丰富多彩的形式提高幼儿对建构成果意义的认识，并提高他们分析评价建构物的能力。

▼ 步骤二 活动实施

一、举例说明幼儿建构游戏的特点

结合幼儿建构游戏案例，说明某一年龄段幼儿建构游戏的特点，如表 4-3-1 所示。

表 4-3-1 幼儿建构游戏行为观察要点的举例说明

幼儿年龄段	主要特点	举例说明

二、幼儿建构游戏行为案例分析

阅读案例，分析案例中幼儿的建构行为及教师的做法，并针对性地给出引导策略。

李老师今天带领幼儿搭积木。今天的主题是“我的幼儿园”，幼儿搭建的过程中李老师在教室流动观察中发现，幼儿的搭建热情并不是很高。突然李老师被瀚瀚搭建的半成品所吸引，她蹲下来问瀚瀚：“你搭建的是什么呀？”“羊圈。”李老师本来就因为孩子们的热情不高正在气头上，而瀚瀚却搭建了一个跟今天主题完全无关的内容。“哪来的羊圈，看看其他小朋友都在做什么？”李老师说完就直接走向了下一位小朋友。

分析与引导策略：

各抒己见 4-3

三、幼儿建构游戏行为观察实践与探讨

将幼儿练习性游戏行为观察资料进行整理，对幼儿行为进行分析，并给出相应的建议（可将相关资料粘贴在下方，或者在后面插入纸张）。

任务评价

任务评价表如表 4-3-2 所示。

表 4-3-2 任务评价表

评价指标	评价要点	满分值	自我评价（40%）	小组评价（60%）
举例说明幼儿建构游戏的特点	幼儿年龄段对应正确（2 分）	34 分		
	主要特点涉及全面（16 分）			
	举例说明针对特点（16 分）			
幼儿建构游戏行为案例分析	行为分析有理有据（18 分）	36 分		
	引导策略具有针对性（18 分）			
幼儿建构游戏行为观察实践与探讨	观察资料有记录（10 分）	30 分		
	观察分析有理有据（10 分）			
	提出建议具有针对性（10 分）			
总分		100 分		

说明：任务评价包括自我评价和小组评价，评价时应结合相应评价要点进行评价；小组评价一般由组长负责组织，并结合小组成员的意见进行评价；总得分精确到小数点后两位。

任务四 幼儿表演游戏行为观察与引导

任务情景

表演游戏区，几名幼儿正张罗着“小熊请客”的话剧，这时就听沐沐说：“我不想当狐狸，要不你当狐狸吧。”“我也不想当狐狸！”菁菁喊道。幼儿们陷入纷争中……老师该如何进行引导呢？

任务目标

通过案例准备、案例分析、幼儿行为观察，了解并掌握幼儿表演游戏的特点、相关理论与政策，以及幼儿表演游戏的引导策略。

材料准备

笔、纸、多媒体播放设备、计时器、幼儿表演游戏行为案例。

任务实施

▼ 步骤一 知识准备

一、表演游戏的概念

表演游戏是幼儿通过扮演文艺作品中的角色来再现文艺作品的内容、表达对于文艺作品的理解和情感体验的游戏活动。表演游戏以幼儿故事为脚本，通过游戏创造性反映故事里的内容。因此，表演游戏相比角色游戏，有一定的规则性。

在表演区，我们经常会看到歌舞表演、时装表演、乐器表演，还有一些儿童剧表演。这些看起来似乎与表演有很大的关系，但却不是真正意义上的表演游戏。表演游戏是幼儿根据自己的脚本进行游戏。他们对故事的表现方式是相对自由的，可以用日常对话的方式，也可以用嬉戏、夸张的手法去表现故事中的内容。在表演游戏中，幼儿不在乎“观众”，这是他们自娱自乐的游戏。

二、不同年龄段幼儿表演游戏的特点

幼儿都喜欢听故事，也喜欢演故事，但不同年龄段幼儿游戏的目的与计

划性、表演水平、角色意识、社会性水平都呈现出明显的差异，具有各自不同的特征，指导的重点也不同。

（一）小班幼儿表演游戏的特点

1. 游戏的目的性与计划性

小班幼儿表演游戏的盲目性强。幼儿虽然对表演充满了兴趣，但不能意识到游戏的目的是表演故事，目的性角色行为刚刚萌芽，身心状态几乎游离于游戏之外，需要教师的时刻提醒才能将注意力维持在作品中。

2. 表演水平

小班幼儿的表演能力弱，虽然表演欲望强，但游戏行为与日常行为没区别，游戏过程中的表现几乎都是嬉戏性行为，很少有表演成分。幼儿语音不准确，听辨能力差，只热衷于玩各种材料或用材料装扮自己，重复典型动作。因此，角色扮演多为一般性表现。

3. 角色意识

小班幼儿的角色意识差。幼儿不能将作品中的角色与自己建立联系，随心所欲地玩耍，自娱自乐，不会因作品的需要去执行角色的言行。

4. 社会性水平

小班幼儿的交往欲望低。小班幼儿处于平行游戏阶段，他们已注意到其他孩子的行为，出现了交互的模仿，形成了初步的玩伴关系。幼儿间很少合作，幼儿除了因材料纠纷或是某一想象性话题与身边同伴有言语交往外，基本不就游戏本身的表演内容和方式进行言语或动作上的互动。

（二）中班幼儿表演游戏的特点

1. 游戏的目的性与计划性

中班幼儿表演游戏的目的性较差。幼儿虽然能够意识到游戏的目的是表演故事，但目的性行为较少，往往因准备道具和材料而忘了游戏的表演目的，需要教师一定的提示才能坚持游戏主题。

2. 表演水平

中班幼儿表演游戏的水平有所提高。中班幼儿的表演嬉戏性强，以一般性表现为主。中班幼儿以重复动作为主要的表现手段，比小班幼儿的动作丰富，每次游戏重复五六个自己会做的动作，能做出一些有难度的舞蹈动作，喜欢有规律的旋转，较少运用语言和表情表现角色。他们非常重视自己的装扮，会因饰品发生争执。

3. 角色意识

中班幼儿表演游戏的角色意识增强，能较顺利地进行角色分配；游戏开始的一段时间内，能够按照角色的特点进行表演，表现出符合角色要求的言行；游戏过程中目的性行为逐渐减少，角色意识降低；能够独立分配角色，但角色更换意识不强。

4. 社会性水平

中班幼儿表演游戏的交往频率增加。中班幼儿处于联合游戏阶段，幼儿之间会讨论一些与表演有关的问题，如出场顺序、道具和材料的使用、形象的装扮、角色的言行等。这个时期会出现一些“观众”，但他们只是坐在“观众席”上表演观众角色，有时“观众”和表演者之间会出现一定的默契，更多的时候“观众”与表演者之间没有互动。

（三）大班幼儿表演游戏的特点

1. 游戏的目的性与计划性

大班幼儿表演游戏的目的性与计划性较强。他们能够自觉地表现故事内容，在开始阶段，他们能够针对游戏的规则、情节、出场顺序等进行协商；在展开阶段，他们之间交往的主要内容集中在动作和对白方面，整个游戏过程很少有游离游戏之外的表现，呈现出计划—协商—合作—再计划—再协商的鲜明的阶段性特征。

2. 表演水平

大班幼儿的表演水平较高。他们对故事的理解能力，驾驭语言、动作、表情等的表现能力有明显的提高，具备一定的表现技巧，能灵活运用多种表现手段。他们已经能够按照自己的理解调整对白与动作，根据情况灵活地运用语言、动作和表情等手段塑造角色、再现故事内容。但是，游戏行为中幼儿非生动性表现行为的比例仍然超过一半，随着游戏延续，生动性表现行为并没有增加，不能独立完成从一般性表现到生动性表现的提升。

3. 角色意识

大班幼儿表演游戏的角色意识强。大班幼儿能够独立而顺利地完成角色分配任务，迅速形成角色认同；他们能自觉地按照角色要求进行表演，表演时能注意语言、动作与日常言行的区别；能够互相小声地提示或告知同伴注意个人身份与角色身份的协调；在“演过”一轮之后，会通过协商等方式更换角色，具有很强的角色轮换意识。

4. 社会性水平

大班幼儿表演游戏中的合作成分增加。大班幼儿联合游戏的比例加重，出现了很多合作游戏的成分，他们有一致的游戏目标，能够完成共同的任务，当然也有个别幼儿满足于自己一个人的游戏。大班表演游戏中还出现了“游戏头儿”，他们有很大的权力，在一群幼儿协商讨论中决定游戏的分工，有权最终决定游戏规则能否改变及游戏材料的使用。他们通常是那些发展较好的儿童，其他幼儿能够接受他们的安排。

三、各年龄段幼儿表演游戏的引导要点

（一）小班幼儿表演游戏的引导要点

1. 设计主题

教师帮助小班幼儿选择的故事应该对话简洁，重复重点词汇；动作表现性强，典型动作不多于 3 个；场景最好只有一个。对不利于幼儿表演的故事可适度改编，适合表演的比较经典的作品有《小猪变干净了》《三只羊》《小兔乖乖》《拔萝卜》等。

2. 准备材料

为幼儿提供种类少（两三种）、数量多的玩具或材料，以保证每个幼儿都能拿到玩具，避免因为玩具发生争吵，满足幼儿平行游戏的需要。道具与服装的形状要逼真，让幼儿感受和表现角色的典型特征。

3. 引导内容

教师可采用指定的方法分配角色；通过教师示范表演或者大班幼儿的示范表演提高幼儿的表演水平，鼓励幼儿大胆表现；引导幼儿进行角色间的交往，培养游戏规则意识。

4. 引导方法

教师以角色身份参与游戏，用游戏的口吻帮助幼儿保持游戏主题，示范表演技能。

（二）中班幼儿表演游戏的引导要点

1. 设计主题

教师帮助中班幼儿选择对话较多的故事，重复重点词汇；动作表现性强，典型动作不多于 6 个；场景最好少。对不利于表演的故事可进行适度改编。适合中班幼儿表演的较经典的作品有《三只小猪》《小羊和狼》《狐假虎

威》等。注意：在设计时，要保证幼儿不少于30分钟的游戏时间。

2. 准备材料

教师应当为幼儿准备封闭或半封闭的空间，且空间最好在一定时间内是固定的，以给幼儿认同和安全感；提供的材料要简单易搭，不能投放需幼儿花费很大精力才能够准备好的材料；材料种类不要过多，否则会对活动造成干扰，以2～4种为宜。

3. 引导内容

在初始阶段要帮助幼儿做好分组工作，讲解角色轮换原则，指导幼儿协商、讨论如何进行角色表演，不代替幼儿思考；在开展阶段，应提高幼儿的角色表现意识，指导幼儿提高角色表演水平。另外，要提醒幼儿坚持游戏主题，鼓励幼儿自主游戏。

4. 引导方法

教师以角色身份参与到游戏中，提供适当的示范，或者以观众的身份，用语言进行指导，但切忌直接干涉幼儿的游戏。

（三）大班幼儿表演游戏的引导要点

1. 设计主题

教师帮助大班幼儿选择故事时应充分尊重幼儿的意愿，选择既利于表演又具有一定文学性的作品。适合大班幼儿表演的比较经典的作品有《白雪公主》《小蝌蚪找妈妈》《小熊请客》等。注意：设计时，要保证幼儿不少于30分钟的游戏时间。

2. 准备材料

教师应当为幼儿提供种类较多、结构性较低的游戏材料，鼓励幼儿进行多样化探索。

3. 引导内容

在游戏初始阶段，鼓励幼儿自主协商分配角色，讨论游戏展开的策略，不代替幼儿思考；在游戏开展阶段，教师应及时为幼儿提供反馈，丰富游戏情节，尤其要提供关于角色表演的反馈，指导幼儿运用语气、语调、夸张的动作，生动的表情塑造角色，提高表现能力；鼓励幼儿运用想象，创造性地表现作品。

4. 引导方法

教师尽量不干预幼儿的游戏，如需介入可以采用易于理解的语言；可以组织幼儿共同讨论角色的表现方式，尝试用不同的方式扮演角色；也可以提供相关的多媒体资源，供幼儿观看、借鉴，以确保表演游戏的趣味性和幼儿创造性表现能力的同步实现。

▼ 步骤二　活动实施

一、举例说明幼儿表演游戏的特点

结合某一年龄段幼儿的表演游戏案例，举例说明幼儿表演游戏的特点，如表 4-4-1 所示。

表 4-4-1　幼儿表演游戏的特点

幼儿年龄段	主要特点	举例说明

二、幼儿表演游戏行为案例分析

阅读案例，分析案例中幼儿的表演游戏行为，并针对性地给出引导策略。

小班的 3 个幼儿自选了小舞台游戏，她们来到小舞台，挂好小演员的角色牌，开始选择表演的道具。老师提供的道具有古装的发饰，有粉色的蝴蝶翅膀，有各种假发，还有打击乐和一些利用废旧材料自制的演出服装。3 个幼儿一拥而上，选了自己喜欢的材料把自己打扮了一番，然后随着播放机里的音乐随意舞动，没一会儿就喜新厌旧了，紧接着更换了一些演出材料，有时会因为换道具而出现追逐和打闹。她们在这样反反复复的更换材料和嬉戏中，进行着游戏。

分析与引导策略：

各抒己见 4-4

三、幼儿表演游戏行为观察实践与探讨

对所观察的幼儿在表演方面的行为观察资料进行整理，对幼儿行为进行分析，并给出相应的建议（可将相关资料粘贴在下方，或者在后面插入纸张）。

任务评价

任务评价表如表 4-4-2 所示。

表 4-4-2　任务评价表

评价指标	评价要点	满分值	自我评价(40%)	小组评价(60%)
举例说明幼儿表演游戏的特点	幼儿年龄段对应正确（2 分）	34 分		
	主要特点涉及全面（16 分）			
	举例说明针对特点（16 分）			
幼儿表演游戏行为案例分析	行为分析有理有据（18 分）	36 分		
	引导策略具有针对性（18 分）			
幼儿表演游戏行为观察实践与探讨	观察资料有记录（10 分）	30 分		
	观察分析有理有据（10 分）			
	提出建议具有针对性（10 分）			
总分		100 分		

说明：任务评价包括自我评价和小组评价，评价时应结合相应评价要点进行评价；小组评价一般由组长负责组织，并结合小组成员的意见进行评价；总得分精确到小数点后两位。

课后练习

一、思考与练习（40 分）

（1）幼儿游戏活动介入的技巧有哪些？

（2）不同年龄段幼儿角色游戏的扮演水平有哪些特点？

（3）不同年龄段幼儿建构游戏的材料选择有哪些特点？

（4）不同年龄段幼儿表演游戏的表演水平有哪些特点？

二、实践活动（60 分）

结合幼儿年龄选择一类游戏，对幼儿行为进行观察记录，并通过分析提出建议，将相关内容填入表 4-4-3。

表 4-4-3 幼儿游戏活动行为观察

要素	具体内容
基本信息	
观察记录	
分析	
建议	

注：“项目综合评价表”参见附录。

项目五

教学活动中的幼儿行为观察与引导

项目五导入

项目导入

培养教育人和种花木一样，首先要认识花木的特点，区别不同情况给以施肥、浇水和培养教育，这叫“因材施教”。

——陶行知

对于两岁以下的幼儿，年龄越小，其生活活动的需求就越高，教学活动在幼儿的一日生活中只占较小的比例，或者会融于其他活动当中，但在多数幼儿园的一日生活安排中，教学活动仍占有一定的比重。

幼儿园教学活动是指幼儿教师有目的、有计划、有组织地引导幼儿获得有益学习经验的过程。教学活动中对幼儿进行行为观察，既有助于幼儿间的横向比较，也能迅速了解幼儿在特定领域的发展水平。

学习目标

知识目标：

1. 理解五大领域教学活动实施应把握的几个方面。
2. 熟悉五大领域教学活动中幼儿行为观察的主要方法。

能力目标：

1. 能运用行为检核法、等级评定法等对幼儿在教学活动中的行为进行观察。
2. 能对幼儿在教学活动中的典型行为进行分析与引导。

素质目标：

1. 通过对教学活动中幼儿发展水平评定表的制定与幼儿行为检核，提升观察能力。
2. 通过对教学活动中幼儿行为的观察与探讨，提升幼儿人际交往与沟通合作的能力。

知识导图

- 教学活动中的幼儿行为观察与引导
  - 教学活动中的幼儿行为观察认知
    - 教学活动的主要特点
    - 教学活动中的观察要点
    - 教学活动后反思的主要方面
    - 教学活动的引导策略
  - 不同类型教学活动中的幼儿行为观察
    - 幼儿在五大领域的学习与发展目标
    - 五大领域教学活动实施应把握的主要方面
    - 不同领域教学活动中幼儿行为观察主要方法的运用

任务一　教学活动中的幼儿行为观察认知

任务情景

有经验的廖老师对正在实习的小安说："教学活动和生活活动、游戏活动等互相补充，共同构成幼儿在园的一日活动，对教学活动中幼儿行为的观察不是孤立存在的，而是源自对幼儿日常生活活动、游戏活动的观察。"那么，教学活动中的幼儿行为观察有哪些特别的地方，又有哪些特别的引导策略呢？

任务目标

通过案例准备、案例分析、幼儿教学活动中的行为观察，了解并从整体上掌握幼儿教学活动中行为的观察要点、行为分析方法及引导策略。

材料准备

纸、笔、幼儿教学活动案例（文字、图片或视频）、多媒体播放设备、计时器。

任务实施

▼ 步骤一　知识准备

一、教学活动的主要特点

（一）内容的广泛性

幼儿教育没有统一的教材，教学活动拥有较大的自由度。同时，幼儿思维具有直观性和具体形象性，他们需要简单而基础的经验。因此，幼儿教师可以从生活的方方面面挖掘、派生教学内容。当然，要想在海量的信息中选取基于幼儿经验、吸引幼儿且有益于幼儿发展的内容，还需幼儿教师善于发现、及时捕捉、精心设计教学活动内容。

（二）手段的游戏化

游戏在幼儿身心发展中的重要作用已被广大幼教工作者认可。教学活动中的游戏不可或缺。例如，在小班幼儿数学教学活动中，为帮助幼儿理解"一"和"许多"的概念及其关系，教师可以采用"小花猫吃鱼"的游戏，让幼儿在游戏中获得新知与快乐。游戏在教学活动中的运用看似简单，实际却考验着幼儿教师的能力。幼儿教师应通过日常观察，清楚地认识幼儿的已有发展水平，准确把握幼儿的发展目标。

（三）过程的动态性

幼儿是积极主动的学习者，具备独特的认知特点和情感体验，因此幼儿教师再精心地预设也无法预知活动的全部细节。但是，教学活动任由幼儿自行开展，会导致过程失控。因此，教学活动应是一个不断变化的动态过程，不应拘泥于活动设计，为完成教学计划而忽略幼儿的活动体验，破坏幼儿学习的自主性。在教学过程中，教师应细心观察，捕捉幼儿的信息，及时进行教学“生成”，使课程“预设”与课中“生成”保持平衡。

（四）组织形式的多样性

根据教学活动的内容和对象，教学活动的组织形式可以分为集体活动、小组活动和个别活动。集体活动是对相同年龄阶段的幼儿在同一时间和空间下进行的活动。小组活动是通过创设环境，提供材料，让幼儿按小组进行的活动。个别活动是根据个别幼儿及其家长的特殊需要安排的活动。教学活动组织形式不同，决定了观察对象可以不同。

二、教学活动中的观察要点

在教学前的活动设计阶段和教学过程中的实施阶段，对幼儿的观察侧重点有所不同。

（一）教学活动设计阶段的观察要点

教学活动设计是依据教学活动对象的特点展开的，因此教学活动设计阶段必须通过观察来了解幼儿各方面的发展状况。

1. 幼儿的最近发展区如何

合理的教学目标应着眼于幼儿的最近发展区。教学目标若低于幼儿最近发展区的需求，重复幼儿已达到的水平或已掌握的经验，教学活动表面上较为流畅却难以很好地促进幼儿的情感与态度、知识与技能等方面的发展；若远高于最近发展区的需求，教学实际却远离幼儿生活，只会使幼儿被动接受。

2. 幼儿的需求如何

教学活动必须遵循幼儿身心发展的规律和特点，尊重幼儿的现实需要，有利于解决幼儿的问题。例如，刚入园的幼儿往往存在适应性的问题，教学活动可以设计社会领域的主题，如“我爱幼儿园”，以帮助幼儿喜欢幼儿园，快速融入集体生活。

3. 幼儿的兴趣如何

符合幼儿兴趣的教学活动能激发幼儿的好奇心，引发幼儿的探究欲望，而索然无味的活动则难以吸引幼儿的注意力。因此，教师应从幼儿的视角，把握幼儿的兴趣点，选择适宜的教学内容，使幼儿能积极投入，避免幼儿在活动中处于游离状态。

4. 幼儿的相关知识经验储备如何

不同地区、不同幼儿甚至是不同班级的幼儿，在知识和经验上都存在个体差异。教学活动设计离不开对幼儿整体情况和个别差异的观察，如幼儿是否具备相关储备，这些储备是否能为本次教学活动提供帮助，能提供哪些帮助，幼儿还会有哪些障碍点，如何解除这些障碍点等。例如，幼儿教师在日常活动中发现班级幼儿在使用小剪刀时还存在困难，那么，在进行美术教学活动中就可以强调剪刀的使用方法。

5. 幼儿的思维发展水平如何

以幼儿的思维发展水平为依据，教学活动会更有针对性。例如，小班幼儿的思维为直觉行动思维，设计中应尽可能为幼儿提供实物操作的机会；中班幼儿以具体行动思维为主，教学应生动形象，以帮助幼儿理解；大班幼儿的抽象逻辑思维开始萌芽，可以设计简单的科学知识教育，引导幼儿发现事物间的内在联系，促进其智力发展。

（二）教学活动实施阶段的观察要点

对教学活动实施阶段的观察，能帮助幼儿教师检查活动设计是否合理，也能帮助幼儿教师把握幼儿在活动中遇到的困难。在这一过程中，教师可以依据幼儿的行为表现，及时调整教学策略，更好地引导幼儿的行为。教学活动实施阶段的观察内容细而广。

1. 幼儿的注意力如何

观察幼儿能否将注意力集中于教学活动可以获取诸多信息。好的教学活动能够吸引幼儿积极参与，但如果幼儿出现坐立不安、发呆走神、无所事事等行为时，说明幼儿在发出信号，可能是因为教学内容无趣，也可能是与幼儿的互动方式不当等。幼儿教师应依据实际情况，及时调整，使幼儿的注意力得以保持。但是，如果幼儿表现为专注投入，幼儿教师不应随意打断，而是应进一步引导幼儿深入学习。

2. 幼儿的回答如何

在教学活动中，幼儿对幼儿教师问题的回答往往具有较高的教育价值。幼儿教师通过关注幼儿的回答，可以从中捕捉隐含的教育契机。例如，有些幼儿的回答草率、错误，幼儿教师要有效避免幼儿的盲目猜测，但又不能伤害其自信心；有些幼儿的回答偏题，需要幼儿教师把问题重新聚焦回来；有些幼儿的回答看似与教学活动无关，但将其纳入活动中巧妙地利用起来会产生意想不到的效果。

3. 幼儿的操作过程如何

在教学活动中，幼儿的操作过程不应被忽视。观察幼儿操作的整个过程可以帮助幼儿教师了解幼儿的学习行为和思维方式，检验教学活动是否真正促进了幼儿的发展，并能以此为依据制定下一步的引导策略。例如，在教学活动中，可以观察幼儿如何摆弄材料、持续了多长时间、是否遇到了问题、如何解决问题、是否有向外界求助等。

4. 幼儿的情感体验如何

在教学活动中，幼儿教师可以重点从两个方面关注幼儿的情感体验。第一，教学氛围是否轻松愉悦。因为一些幼儿教师在面对幼儿有扰乱秩序、注意力分散等情景时，容易斥责幼儿，让幼儿感到紧张害怕。第二，幼儿能否获得发自内心的胜任感和自信心。因为教学活动过程应是幼儿在集体中感受学习乐趣的过程，如果幼儿能得到教师的支持、同伴的合作，或者能从中得到夸赞，将有助于培养幼儿乐观的心态与自信心。

5. 幼儿的个体差异如何

幼儿的个体差异在前述的注意力、回答、操作过程、情感体验等方面都有所体现。幼儿教师会发现，有的幼儿即使一直在聆听、思考，幼儿教师提问时也不会主动发言，而有的幼儿就算没听清问题也会抢着回答。面对同样的任务，有的幼儿能早早就独立完成，而有的幼儿却一直在摸索中。幼儿教师只有看到了这些个体差异，才能在教学活动中给予不同个性、不同能力的幼儿相应的引导。

5-1-4

（三）区域活动的相关概念及其中的观察要点

1. 区域活动的概念

区域活动也称为区角活动、个别化学习活动，是幼儿学习活动的基本组织形式之一。区域活动主要是指教师通过在班级、走廊等地设置相对固定的区域，有目的、有计划地投放各种材料，让幼儿在一种自由宽松的氛围下按照自己的意愿和能力，自主选择活动主题和活动同伴，主动进行操作、探索和交往的一种活动形式。区域活动作为一种开放、自主的学习活动，它所具备的动态性和不可控性需要教师具有较强的观察能力和把控能力，促使教师在活动中通过观察、分析幼儿的表现行为从而有效地指导幼儿学习。区域活动一般设置的常见学习区域有语言区、美工区、科学区、数学区等。教师必须根据具体区域活动的特点和幼儿发展水平的实际差异进行观察。

（1）语言区。语言区也称为阅读区，是班级中供幼儿自主阅读图书的专门区域。在班级设置适宜发展的图书角对幼儿的早期阅读、语言表达、书写等都起着极为重要的促进作用。

（2）美工区。美工区是班级常设区域，幼儿在美工区运用不同颜色、形状、大小、质地的材料，通过画、剪、贴、揉等技巧，创造出不同的作品。

（3）科学区。科学区一般分为两部分，即自然角和科技区域，可以满足幼儿不同的探究需求，尊重幼儿的好奇心，激发幼儿的探究欲望。科学区能为幼儿提供一个自主探究的活动区域，创设自然宽松的科学探究氛围，提供适宜的材料和探究工具。

（4）数学区。数学区是教师有计划、有目的地对幼儿施加数学影响的区域。在数学区活动中，幼儿可以充分利用环境和材料主动探索操作，通过感知累积和表述经验获取数学知识并促进自身发展。

2. 区域活动的观察要点

区域活动的观察内容包括幼儿选择的内容或主题、操作材料、社交行为、言语表达、行为能力等。整体观察要点及主要活动区的观察要点如下。

（1）整体观察要点：幼儿在活动中是否能够发挥自主性和积极性？幼儿在活动区能否产生典型的活动主题及形式？幼儿的活动行为是否有一定的目的性和计划性？幼儿能否自然地遵守活动规则？幼儿能否与同伴进行积极的互动？幼儿是否擅于使用材料？幼儿能否保持甚至创造良好的区域环

境？幼儿能否满足自己生理的需要并照顾好自己？

（2）语言区的观察要点：幼儿是否愿意看书，能不能一页一页地翻阅书籍？幼儿看完书能不能将书籍正面朝外放回书架？幼儿专注阅读的时间是多长？幼儿每次阅读时的方式方法是什么样子的？幼儿对绘本画面上的内容观察是否细致？幼儿对文字是否有较强的敏感性？中班幼儿能不能看图说话，能不能和好朋友一起进行故事接龙？大班幼儿能不能进行图书创编、续编和自制？幼儿是否会爱护图书、修补图书？

（3）美工区的观察要点：在材料选择方面，幼儿选用了哪些材料？选择的是单一材料还是多种材料？是有目的地选择材料还是无目的地摆弄材料？幼儿能否在原有的搭建结构上重复运用该技能使之变宽？在表征主题方面，幼儿喜欢表征什么样的主题？幼儿表征主题与幼儿已有经验的关系是什么？在工具的使用方面，幼儿使用了哪些工具？工具使用的情况如何？在采用的美工表现形式方面，是采用了绘画、纸工、泥工还是综合手工的表现方式？在表现能力方面，作品的构图、布局、线条等如何？色彩的感知和运用如何？想象力和创造力如何？在动手能力方面，幼儿小肌肉动作及手眼协调能力如何？

（4）科学区的观察要点：在探究兴趣方面，幼儿是否有探究欲望，是否对动植物充满好奇？在认知经验方面，幼儿的已有经验是什么，需要哪些新经验？在探究能力方面，幼儿探究的方式有哪些，是猜想还是验证？在观察能力方面，幼儿用了哪些观察方法，是特征观察、比较观察，还是追踪观察？在记录方式方面，幼儿是否愿意将发现记录下来？记录方式是什么，是图画、符号还是数字？

（5）数学区的观察要点：在数学知识与技能方面，主要包括集合、数、数的运算、量、模式、几何形体、空间、时间；在认知水平方面，主要包括注意力、记忆力、观察力、思维能力（归类、排序、判断、推理）。

三、教学活动后反思的主要方面

对幼儿在教学活动中的行为进行细致观察后，可从以下几方面进行反思。

（一）教育理念是否科学

在评判幼儿的行为表现时，幼儿教师所持的对教育的不同看法就会成为潜在的判断标准，它们会不自觉地影响幼儿教师的分析。因此，在分析幼儿的行为表现时，幼儿教师首先应该思考自己所持的教育理念是否科学，避免基本理念的偏差。

（二）教学活动目标是否合理

教学活动目标在教学活动中具有导向作用，目标的定位应充分考虑幼儿的现有发展水平和可能达到的水平。如果目标定位不合理，教学活动的有效性将受到极大的影响。

（三）教学活动内容是否适宜

教学活动内容能否吸引幼儿，决定着幼儿在活动中会表现出怎样的行为。如果教师将个人的喜好强加给幼儿，幼儿对教学内容可能会产生抵触情绪；如果教师从幼儿的兴趣出发确定教学内容，幼儿对教学内容就能乐在其中。

（四）活动材料是否恰当

由于幼儿的思维具有直观性和具体性，幼儿教师通常运用相应教具、学具等活动材料来辅助教学，以便给幼儿进行展示，帮助幼儿通过直接感知、实际操作和亲身体验来获取经验。活动材料是否恰当包括两层含义，即材料本身是否适合幼儿及幼儿教师对材料的使用是否恰当。有些活动材料本身就不符合幼儿的年龄特点，就有可能会阻碍教学的进展。有些活动材料本身没问题，但幼儿教师呈现材料的方式和时机不恰当，也会对幼儿造成影响。例如，幼儿教师在呈现图片时，一次把很多图片都拿出来，问幼儿看到了什么，而幼儿的注意广度相对成人较小，会因无暇顾及所有图片而回答不出教师的提问；有的幼儿教师在教学活动一开始就把在中间环节要用的材料发给幼儿，幼儿的注意力被材料吸引，就不能专心于正在进行的活动。

（五）师幼互动是否积极

积极的师幼互动能营造良好的学习氛围，有助于教学活动。在这种互动中，师幼在人格上是平等的。幼儿教师能针对具体情况，结合幼儿个体差异，给予及时有效的回应，教师是很好的支持者、合作者和引导者。幼儿在活动中身心愉悦，积极思考，敢于表达，勇于尝试，这种积极反馈又反过来会促进幼儿教师的行为，从而形成良性循环。

在消极的师幼互动中，幼儿教师对幼儿高控、严苛，教学过程缺乏生机。有的幼儿教师习惯指挥，幼儿只能机械接受，缺乏自我思考的能力；有的幼儿教师严格按照教学预设开展活动，对幼儿出现的与预设不符的言行不予理睬，会挫伤幼儿的积极性；有的幼儿教师用嘲讽的语气否定幼儿的错误，伤害幼儿的感情，导致幼儿不敢再尝试。

四、教学活动的引导策略

（一）“预设”与“生成”有效结合

只有处理好教学“预设”与“生成”的关系，教学活动才能在秩序中显示出积极意义。教学活动“预设”要有弹性、有留白，以便能纳入意外的“生成”；对积极的、价值高的“生成”应给予鼓励并加以利用，对消极的、价值低的“生成”则要巧妙化解，引导幼儿思维回归。

（二）灵活运用多种教学方法

教学要摆脱单调的讲授模式，选择适合教学内容又能吸引幼儿的教学方法：为了方便让幼儿直接感知和操作，要尽量用实物展示，让幼儿可以直接感触和体验；对于时空变迁较大的内容，或者危险的、不宜让幼儿操作的内容，或者肉眼不可见的内容，可采用多媒体形式展示。例如，人的生长过程、火灾等可以用动画进行展示。

（三）掌握有效提问的技巧

教学过程中对幼儿的引导大多需要依靠言语来完成，其中提问是最直接、最常用的一种方式。但有效的提问不应以数量取胜，不应局限于“预设”，也不应追求看似流利的对答，而是能激发幼儿的兴趣、引发幼儿的思考、加深幼儿的体验。主要的一些提问技巧如下。

1. 使旧经验向新认知转化

教学活动前的设计一般需要考虑幼儿的已有相关经验。然而，新事物和已有经验总是有差异的，因此，提问应抓住这个差异点，向幼儿提出有挑战性、能引起认知冲突的问题，促使旧经验转化为新认知。

2. 使错误观点向正确观点转化

在教学活动中，幼儿对接触的新事物往往不能完全把握，会出现理解有误的情况。有效的提问不应只看幼儿犯错的地方，而是要找准其通向正确思维的转折点。

3. 使原有思维向扩散思维转化

在教学活动中，无论是“预设”的问题还是“生成”的问题，有效的提问都不应该禁锢幼儿的思维。教学活动中要给幼儿充分的思考时间，充分调动幼儿思考的深度和广度，在幼儿难以答出时可以适当暗示，以激发幼儿的思考。

（四）注重教学活动延伸

幼儿对周围的世界总是充满了好奇，而短短的教学活动难以使幼儿的许多想法、探索完成，因此，教学活动的内容需要在教学活动结束后得到延伸，以解决集体活动时间短、存在不细致的问题，也能为幼儿巩固、运用已掌握的知识技能提供可持续发展的契机。例如，幼儿在学习完五指儿歌手指操后，要求幼儿在家长面前进行展示，既有助于巩固幼儿的学习，增进幼儿的自信，也有利于亲子关系的发展。

▼ 步骤二　活动实施

一、举例说明教学活动设计与实施阶段对幼儿的观察要点

结合教学活动案例，举例说明教学活动中对幼儿的观察要点，如表 5–1–1 所示。

表 5–1–1　教学活动中对幼儿的观察要点

主要方面	观察要点	举例
教学活动设计阶段		
教学活动实施阶段		

二、教学活动案例分析

结合教学活动“预设”与“生成”的关系，分析案例中幼儿的行为及教师的做法。

在中班“认识车”的教学活动中，教师让孩子们介绍自己带来的玩具车，认识车的不同类型和特征。轮到聪聪时，他拿着车说：“我的车开起来可快啦，你们看！”话音刚落，他的车“嗖”地窜到了活动室的另一端。顿时，活动室像炸开了锅，孩子们纷纷拿着自己的车与同伴比车速，没有人愿意来耐心介绍了。看到孩子们如此兴奋，幼儿教师意识到中班幼儿喜欢用行动代替言语表达情感和观点，喜欢在玩中交流思想，于是就默许了孩子们的行为。这时传来几个幼儿的争论声。“我家地面是大理石的，车开得可快了！”“我家有很滑的木地板，开得比你更快呢！”“老师，我的车在塑胶地板上怎么开不快啊？”听到孩子们的争论和提问，教师立刻意识到这是一个幼儿感兴趣而且富有意义的探索话题，于是问道：“你们知道车在什么地方开得快，在什么地方开得慢吗？”孩子们立刻涌向幼儿教师的周围。教师引导幼儿开始探究相同的车在地板、桌面、毛巾等不同材料上滑行的不同速度。于是，一个更有意义、更有趣味的探索活动开始了。

分析：

各抒己见 5-1

三、教学活动中的幼儿行为观察实践与探讨

对所观察的幼儿在教学活动中的注意力情况进行整理，对幼儿行为进行分析，并给出相应的建议(可将相关资料粘贴在下方，或者在后面插入纸张)。

任务评价

任务评价表如表 5-1-2 所示。

表 5-1-2 任务评价表

评价指标	评价要点	满分值	自我评价（40%）	小组评价（60%）
举例说明教学活动设计与实施阶段对幼儿的观察要点	观察要点涉及全面（10 分）	30 分		
	举例具有针对性（20 分）			
教学活动案例分析	关系分析全面正确（20 分）	40 分		
	案例分析针对性强（20 分）			
教学活动中的幼儿行为观察实践与探讨	观察资料有记录（10 分）	30 分		
	观察分析有理有据（10 分）			
	提出建议具有针对性(10 分）			
总分		100 分		

说明：任务评价包括自我评价和小组评价，评价时应结合相应评价要点进行评价；小组评价一般由组长负责组织，并结合小组成员的意见进行评价；总得分精确到小数点后两位。

任务二　不同类型教学活动中的幼儿行为观察

任务情景

马老师是新来不久的老师，她觉得在集中教学活动中难以很好地观察幼儿，她想结合《3～6岁儿童学习与发展指南》对幼儿的行为进行观察，有哪些较为简便的方法呢？

任务目标

通过结合《3～6岁儿童学习与发展指南》制定观察记录表并利用记录表进行行为检核或评定，熟悉不同领域教学活动中幼儿行为观察的主要方法。

材料准备

笔、纸、多媒体播放设备、计时器、《3～6岁儿童学习与发展指南》。

任务实施

托育机构保育工作重点方面的目标

▼ 步骤一　知识准备

一、幼儿在五大领域的学习与发展目标

《3～6岁儿童学习与发展指南》通过提出3～6岁各年龄段幼儿学习与发展目标和相应的教育建议，帮助幼儿教师和家长了解3～6岁幼儿学习与发展的基本规律和特点，它还从健康、语言、社会、科学、艺术5个领域描述了幼儿的学习与发展。每个领域按照幼儿学习与发展最基本、最重要的内容划分为若干方面。每个方面由学习与发展目标和教育建议两部分组成。其中，幼儿在五大领域的学习与发展目标如表5-2-1所示。

表5-2-1　幼儿在五大领域的学习与发展目标

领域	子领域	目标
健康	身心状况	1. 具有健康的体态
		2. 情绪安定愉快
		3. 具有一定的适应能力

续表

领域	子领域	目标
健康	动作发展	1. 具有一定的平衡能力，动作协调、灵敏
		2. 具有一定的力量和耐力
		3. 手的动作灵活协调
	生活习惯与生活能力	1. 具有良好的生活与卫生习惯
		2. 具有基本的生活自理能力
		3. 具备基本的安全知识和自我保护能力
语言	倾听与表达	1. 认真听并能听懂常用语言
		2. 愿意讲话并能清楚地表达
		3. 具有文明的语言习惯
	阅读与书写准备	1. 喜欢听故事，看图书
		2. 具有初步的阅读理解能力
		3. 具有书面表达的愿望和初步技能
社会	人际交往	1. 愿意与人交往
		2. 能与同伴友好相处
		3. 具有自尊、自信、自主的表现
		4. 关心尊重他人
	社会适应	1. 喜欢并适应群体生活
		2. 遵守基本的行为规范
		3. 具有初步的归属感
科学	科学探究	1. 亲近自然，喜欢探究
		2. 具有初步的探究能力
		3. 在探究中认识周围事物和现象
	数学认知	1. 初步感知生活中数学的有用和有趣
		2. 感知和理解数、量关系及数量关系
		3. 感知形状与空间关系
艺术	感受与欣赏	1. 喜欢自然界与生活中美的事物
		2. 喜欢欣赏多种多样的艺术形式和作品
	表现与创造	1. 喜欢进行艺术活动并大胆表现
		2. 具有初步的艺术表现和创造能力

二、五大领域教学活动实施应把握的主要方面

3～6岁幼儿在幼儿园的教学内容由健康、语言、社会、科学和艺术五大领域构成，五大领域的内容相互渗透，涵盖了幼儿发展的各个方面，从不同角度促进幼儿的全面发展。在实施五大领域教学活动时应把握以下几个方面。

（一）关注幼儿学习与发展的整体性

幼儿的发展是一个完整的过程，要注重领域之间、目标之间的相互渗透和整合，促进幼儿身心全面协调发展，而不应片面追求某一方面或几方面的发展。

（二）尊重幼儿发展的个体差异

幼儿的发展是一个持续、渐进的过程，同时也表现出一定的阶段性特征。每个幼儿在沿着相似进程发展的过程中，各自的发展速度和到达某一水平的时间不完全相同。要充分理解和尊重幼儿发展进程中的个体差异，支持和引导他们从原有水平向更高水平发展，按照自身的速度和方式到达《3～6岁儿童学习与发展指南》所呈现的发展“阶梯”，切忌用一把“尺子”衡量所有幼儿。

（三）理解幼儿的学习方式和特点

幼儿的学习是以直接经验为基础，在游戏和日常生活中进行的，因此，要珍视游戏和生活的独特价值，创设丰富的教育环境，合理安排一日生活，最大限度地支持和满足幼儿通过直接感知、实际操作和亲身体验获取经验的需要，严禁“揠苗助长”式的超前教育和强化训练。

（四）重视幼儿的学习品质

幼儿在活动过程中表现出的积极态度和良好的行为倾向是终身学习与发展所必需的宝贵品质，因此活动实施要充分尊重和保护幼儿的好奇心和学习兴趣，帮助幼儿逐步养成积极主动、认真专注、不怕困难、敢于探究和尝试、乐于想象和创造等良好的学习品质。忽视幼儿学习品质培养，单纯追求知识技能学习的做法是短视而有害的。

三、不同领域教学活动中幼儿行为观察主要方法的运用

（一）健康领域教学活动中幼儿行为观察主要方法的运用

结合《3～6岁儿童学习与发展指南》要求，3～6岁不同年龄段幼儿平

衡能力发展的行为检核表如表 5–2–2 所示。

表 5–2–2　3 ～ 6 岁不同年龄段幼儿平衡能力发展的行为检核表

年龄段	行为表现	是	否
3 ～ 4 岁	能沿地面直线或在较窄的低矮物体上走一段距离		
	能双脚灵活交替上下楼梯		
	能身体平稳地双脚连续向前跳		
	分散跑时能躲避他人的碰撞		
	能双手向上抛球		
4 ～ 5 岁	能在较窄的低矮物体上平稳地走一段距离		
	能以匍匐、膝盖悬空等多种方式钻爬		
	能助跑跨跳过一定距离，或助跑跨跳过一定高度的物体		
	能与他人玩追逐、躲闪跑的游戏		
	能连续自抛自接球		
5 ～ 6 岁	能在斜坡、荡桥和有一定间隔的物体上较平稳地行走		
	能以手脚并用的方式安全地爬攀登架、网等		
	能连续跳绳		
	能躲避他人滚过来的球或扔过来的沙包		
	能连续拍球		

（二）语言领域教学活动中幼儿行为观察主要方法的运用

结合《3 ～ 6 岁儿童学习与发展指南》要求，3 ～ 4 岁幼儿倾听与表达能力发展检核表如表 5–2–3 所示。

表 5–2–3　3 ～ 4 岁幼儿倾听与表达能力发展检核表

行为表现	是	否
别人对自己说话时能注意听并做出回应		
能听懂日常会话		
愿意在熟悉的人面前说话，能大方地与人打招呼		
基本会说本民族或本地区的语言		
愿意表达自己的需要和想法，必要时能配以手势动作		
能口齿清楚地说儿歌、童谣或复述简短的故事		

续表

行为表现	是	否
与别人讲话时知道眼睛要看着对方		
说话自然，声音大小适中		
能在成人的提醒下使用恰当的礼貌用语		

（三）社会领域教学活动中幼儿行为观察主要方法的运用

结合《3～6岁儿童学习与发展指南》要求，4～5岁幼儿社会适应能力的行为检核表如表5-2-4所示。

表5-2-4　4～5岁幼儿社会适应能力的行为检核表

行为表现		是	否
喜欢并适应群体生活	愿意并主动参加群体活动		
	愿意与家长一起参加社区的一些群体活动		
遵守基本的行为规范	感受规则的意义，并能基本遵守规则		
	不私自拿不属于自己的东西		
	知道说谎是不对的		
	知道接受了的任务要努力完成		
	在提醒下，能节约粮食、水电等		
具有初步的归属感	喜欢自己所在的幼儿园和班级，积极参加集体活动		
	能说出自己家所在地的省、市、县（区）名称，知道当地有代表性的物产或景观		
	知道自己是中国人		
	奏国歌、升国旗时能自动站好		

（四）科学领域教学活动中幼儿行为观察主要方法的运用

结合《3～6岁儿童学习与发展指南》要求，5～6岁幼儿科学探究方面的行为检核表如表5-2-5所示。

表5-2-5　5～6岁幼儿科学探究方面的行为检核表

行为表现		是	否
亲近自然，喜欢探究	对自己感兴趣的问题总是刨根问底		
	能经常动手动脑寻找问题的答案		
	探索中有所发现时感到兴奋和满足		

5-2-5

续表

行为表现		是	否
具有初步的探究能力	能通过观察、比较与分析，发现并描述不同种类物体的特征或某个事物前后的变化		
	能用一定的方法验证自己的猜测		
	在成人的帮助下能制订简单的调查计划并执行		
	能用数字、图画、图表或其他符号记录		
	探究中能与他人合作与交流		
在探究中认识周围事物和现象	能察觉到动植物的外形特征、习性与生存环境的适应关系		
	能发现常见物体的结构与功能之间的关系		
	能探索并发现常见的物理现象产生的条件或影响因素，如影子、沉浮等		
	感知并了解季节变化的周期性，知道变化的顺序		
	初步了解人们的生活与自然环境的密切关系，知道尊重和珍惜生命，保护环境		

（五）艺术领域教学活动中幼儿行为观察主要方法的运用

参考以下评定表，通过观察幼儿在音乐活动中的行为表现，可以了解幼儿相应的等级水平，如表 5-2-6 所示。

表 5-2-6　幼儿音乐活动中的行为表现等级评定表

行为表现		等级			
		1	2	3	4
情绪态度	幼儿在活动中的情绪是否轻松、愉悦	能保持轻松愉快的情绪	能经常保持轻松愉快的情绪	在感兴趣的环节中感到轻松、愉快	情绪紧张或平淡
	幼儿投入活动是否积极、热情	以饱满的热情积极主动地投入	能够积极主动地投入	对感兴趣的活动内容能够主动参与	对整个活动缺乏兴趣、热情
	幼儿倾听、观看教师的谈话或表演时的注意力是否集中	能够集中注意力	一般能集中注意力	偶尔能集中注意力	不能集中注意力
	幼儿倾听、观看其他幼儿的谈话或表演时的注意力是否集中	能够集中注意力	一般能集中注意力	偶尔能集中注意力	不能集中注意力

5-2-6

续表

行为表现		等级			
		1	2	3	4
内容掌握	幼儿是否掌握了活动的主要内容	绝大多数幼儿掌握了活动的主要内容	多数幼儿掌握了活动的主要内容	部分幼儿掌握了活动的主要内容	多数幼儿没有掌握活动的主要内容
能力锻炼	幼儿在活动中的锻炼机会如何	大多数幼儿获得了能力锻炼的机会	部分幼儿获得了能力锻炼的机会	少数幼儿获得了能力锻炼的机会	幼儿极少有能力锻炼的机会
	幼儿在活动锻炼后的进步情况如何	幼儿有一定的进步	幼儿稍有进步	幼儿进步不大	幼儿基本无进步

注：在等级评定表中，对不同行为表现的不同等级设定分值，可以使结果更为量化。

幼儿美术能力等级评定参考表

▼ 步骤二　活动实施

一、制定幼儿动作发展情况行为检核表

结合《3～6岁儿童学习与发展指南》，制定某一年龄段幼儿动作发展情况的检核表。

二、幼儿区域活动行为案例分析

结合《3～6岁儿童学习与发展指南》中“科学探究”领域的目标要求，制定幼儿发展水平检核表，并就案例中幼儿烁烁的科学探究行为进行初步检核。

今天，在中班的科学区里，教师投放了纸屑和尺子。烁烁一来到科学区就与小朋友们讨论纸屑和尺子是用来做什么的。烁烁想了想说：“我想，尺子是用来量纸的大小的，大的纸长度更长，小的更短。”朵朵说：“不对，这个尺子是用来画线用的。”两人都觉得自己有道理就开始争论了起来。烁烁说：“去问问老师吧。”在老师的指导下，孩子们知道了尺子和纸屑是用来做尺子吸纸实验的。孩子们做了几次实验，尺子没有像老师说的那么神奇，没有吸住纸呀。烁烁看了看其他小朋友的大纸屑，说："我们撕的纸屑是不是太大了，尺子吸不动啊，我们把它撕得再小一点吧。"很快，纸屑被撕得又细又多。孩子们又开始实验了，他们有的用尺子擦自己的皮肤，有的是擦头发，擦皮肤的朵朵小胳膊变得红红的，可是还是不能够吸住纸屑。烁烁觉得擦皮肤不行，就多擦了几下头发再试，说："成功了！"其他小朋友问他怎么做到的。他说："尺子多擦几下头发就可以了。"大家再次尝试，纸屑居然吸在了尺子上面。孩子们别提有多开心了。

行为检核：

各抒己见 5-2

三、依据已有制表对幼儿行为进行观察

利用所收集的某一领域或某一区域幼儿行为检核表或等级评定表观察幼儿在相应领域或相应区域的行为，对幼儿行为进行分析，并给出相应的建议（可将相关资料粘贴在下方，或者在后面插入纸张）。

任务评价

任务评价表如表 5-2-7 所示。

表 5-2-7　任务评价表

评价指标	评价要点	满分值	自我评价（40%）	小组评价（60%）
制定幼儿动作发展情况行为检核表	结合政策完成（20 分）	30 分		
	针对幼儿年龄（4 分）			
	表格设计合理（6 分）			

续表

评价指标	评价要点	满分值	自我评价（40%）	小组评价（60%）
幼儿区域活动行为案例分析	行为检核表制定依据充分（10 分）	30 分		
	案例行为检核有理有据（20 分）			
依据已有制表对幼儿行为进行观察	制表准备充分（10 分）	40 分		
	观察资料有记录（10 分）			
	分析有理有据（10 分）			
	建议具有针对性（10 分）			
总分		100 分		

说明：任务评价包括自我评价和小组评价，评价时应结合相应评价要点进行评价；小组评价一般由组长负责组织，并结合小组成员的意见进行评价；总得分精确到小数点后两位。

课后练习

一、思考与练习（40 分）

（1）教学活动的主要特点有哪些？

（2）教学活动设计阶段和实施阶段的观察要点分别有哪些？

（3）写出某一区域活动（如语言区、美工区、科学区、数学区）的观察要点。

（4）五大领域教学活动实施应把握的主要方面有哪些？

二、实践活动（60 分）

运用行为检核法或等级评定法观察幼儿在教学活动中的行为，并进行分析，提出建议，并将相关结果填入表 5-2-8。

表 5-2-8 教学活动中的幼儿行为观察

要素	具体内容
基本信息	
观察记录	
分析	
建议	

注：“项目综合评价表”参见附录。

项目六

幼儿主要问题行为观察与引导

项目六导入

项目导入

夫心未滥而先谕教，则化易成也。

——贾谊

幼儿行为问题观察认知

幼儿问题行为通常被认为是幼儿在发展过程中普遍存在的、反复发生的偏离社会正常要求或个人正常发展，既影响他人又影响自身发展的行为和情绪问题。近年来，我国发生问题行为的群体日渐低龄化。如果家庭和托幼机构能及时对幼儿的问题行为进行干预，那么幼儿问题行为对自身及家庭的影响将大大降低。因此，成人要善于观察幼儿的行为表现，尽早发现幼儿的问题行为。在成人的正确引导下，幼儿的多数问题行为是可以逐步被矫正的。

学习目标

知识目标：

1. 知道幼儿分离焦虑行为的特点、产生的原因。
2. 知道幼儿社会退缩行为的概念与类型。
3. 知道幼儿攻击性行为的概念及类型。

能力目标：

1. 能对幼儿典型的问题行为进行分析。
2. 能对幼儿典型的问题行为进行针对性的引导。

素质目标：

1. 通过对幼儿典型问题行为的特点与类型判断，提升总结与判断能力。
2. 通过对幼儿典型问题行为案例的分析与讨论，提升人际交往与沟通合作的能力，理解观察方法、解决问题方法的多样性。

知识导图

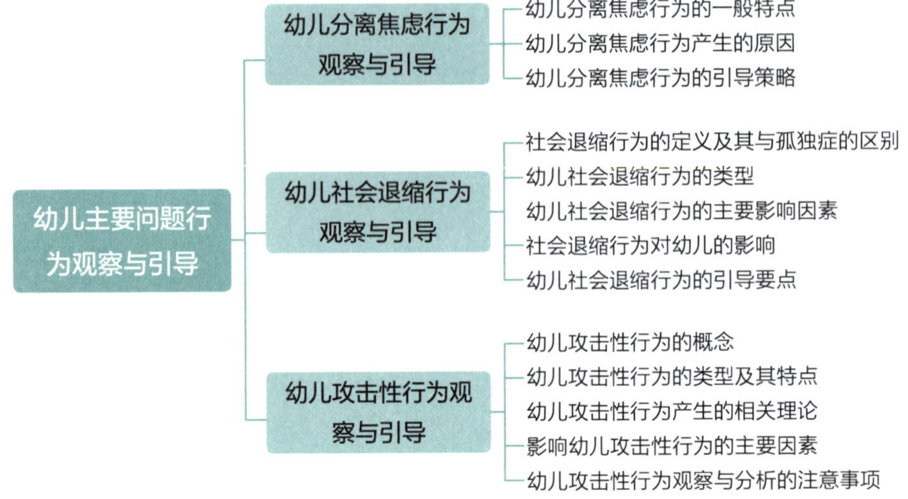
幼儿主要问题行为观察与引导
幼儿分离焦虑行为观察与引导
幼儿分离焦虑行为的一般特点
幼儿分离焦虑行为产生的原因
幼儿分离焦虑行为的引导策略
幼儿社会退缩行为观察与引导
社会退缩行为的定义及其与孤独症的区别
幼儿社会退缩行为的类型
幼儿社会退缩行为的主要影响因素
社会退缩行为对幼儿的影响
幼儿社会退缩行为的引导要点
幼儿攻击性行为观察与引导
幼儿攻击性行为的概念
幼儿攻击性行为的类型及其特点
幼儿攻击性行为产生的相关理论
影响幼儿攻击性行为的主要因素
幼儿攻击性行为观察与分析的注意事项

任务一　幼儿分离焦虑行为观察与引导

任务情景

又是一年新生入园，小（4）班的班主任柴老师与另外两位老师站在教室门口，迎接着幼儿及家长的一一到来。尽管经验丰富的柴老师已经给配班教师马老师打过“预防针”，但看到有些幼儿一进教室就号啕大哭，甚至引发全班幼儿跟着大哭，马老师还是感觉到了实际工作的难度。

任务目标

通过实践调研、案例分析、总结资料等，能对幼儿的分离焦虑行为进行观察与引导。

材料准备

笔、纸、幼儿分离焦虑行为调研资料。

任务实施

▼ 步骤一　知识准备

一、幼儿分离焦虑行为的一般特点

幼儿分离焦虑是指幼儿与亲人分离而产生的焦虑、不安或不愉快的情绪反应，又称离别焦虑。如果幼儿表现出了以下8项行为中的3项以上，并且持续的时间超过两周，那么一般可以判断该名幼儿具有分离焦虑行为，如表6–1–1所示。

表 6–1–1　分离焦虑行为的初步判断

序号	主要行为	表现举例
1	不切实际、持续地担心重要的依附对象受到伤害，或担心自己被抛弃	3岁以上的幼儿有时会表达出“我不要去幼儿园，妈妈会不见的”
2	不切实际、持续地担心灾难会发生在重要的依附对象上	妈妈可能会被怪兽吃掉，爸爸可能被风刮走
3	持续地不愿意上学，且是为了要和主要的依附对象在一起	长期不愿意上学，甚至为了不与主要依附对象分离，宁可待在家中

续表

序号	主要行为	表现举例
4	不愿意单独睡觉或单独离开家里	睡觉时常会做噩梦，醒来后会观察主要依附对象是否在身边，如果不在就大哭大叫，稍大一点后，仍然不愿意单独离开家
5	害怕单独一个人	经常出现“妈妈陪宝宝”“妈妈抱宝宝”等言语，或出现紧紧抱着依附对象不愿松开等行为
6	重复出现分离主题的噩梦	妈妈被坏人抓走了，宝宝被不认识的怪叔叔抱走
7	当预期到自己可能和主要依附对象分离时，会有多重的身体抱怨	经常会抱怨自己身体不适，如肚子疼、眼睛疼等
8	当预期可能或已经和主要的依附对象分离的时候，会感觉到过度的痛苦	看到妈妈拿包、穿鞋等，不仅会哭泣，而且往往无法被安抚，还会合并呕吐、恶心、胃痛、肚子痛、发烧等症状

二、幼儿分离焦虑行为产生的原因

（一）依恋关系——幼儿分离焦虑情感的根源

幼儿之所以产生了分离焦虑的情感，其根源在于幼儿发展出了属于自己的依恋关系。

1. 依恋——个体最初的社会行为

依恋是婴儿寻求并企图保持与另一个人亲密的身体联系的一种倾向，这个人主要是母亲，也可以是父亲、祖父母等别的抚养者，或与婴儿联系密切的人，主要表现为啼哭、笑、吮吸、喊叫、咿呀学语、抓握、身体接近、偎依和跟随等行为。

2. 依恋的发展阶段

（1）无差别的社会反应阶段（从出生到 3 个月）。这一阶段的婴儿会出现社会性微笑，且对所有的人反应相同。

（2）有差别的社会反应阶段（3 到 6 个月）。这一阶段的婴儿在陌生人面前的反应频率会少于在亲人面前的反应。

（3）特殊的情感联结阶段（6 个月到 2 岁）。这一阶段的婴幼儿与陌生人相处时，会产生焦虑，且特别喜欢和母亲在一起。

（4）目标调整的伙伴关系阶段（2 岁以后）。这一阶段的幼儿能够考虑母亲的需要，从而调整自己的行为。

3. 依恋的 3 种类型

依恋的 3 种类型为安全型、回避型和反抗型。

（1）安全型。此类型占 65% ～ 70%。特点是当母亲离开时，婴幼儿会有些许不安；当母亲回到身边时，婴幼儿会感觉很开心。

（2）回避型。此类型占 20% 左右。特点是当母亲离开时，婴幼儿没有什么反应；当母亲返回时，婴幼儿也无反应。

（3）反抗型。此类型占 10% ～ 15%。特点是当母亲离开时，婴幼儿会歇斯底里地反抗；当母亲回来时，婴幼儿出现矛盾心情（既想亲近母亲，又生母亲的气）。

（二）导致幼儿分离焦虑行为的主要因素

1. 环境的变化

幼儿从家庭迈入托幼机构，生活环境发生了巨大改变，幼儿心理上也需要度过一段特殊的时期，即“心理断乳期”。在生活与社会关系方面，主要体现在如下几个方面。

（1）生活规律和生活习惯改变。例如，托幼机构有相对固定的一日生活作息时间表，进餐、盥洗、教学、睡眠等环节的时间都相对固定，而幼儿原来在家庭中的生活规律与习惯与托幼机构存在差异。如果家庭生活作息与习惯比较随意，一切以幼儿的意愿为中心，或者幼儿有一些不良的生活规律和习惯，如晚上熬夜、早上睡懒觉等，或者幼儿在家中有挑食、偏食或不愿饮水等习惯，到了托幼机构后，幼儿会不习惯托幼机构设置的生活作息制度，自然也就较难适应。

（2）成人与幼儿的关系改变。幼儿刚进入托幼机构时，由于保教人员和其他幼儿一开始都是陌生的面孔，幼儿会容易感到不安。而在托幼机构中，一般是一位成人负责照顾多名幼儿，这和幼儿在家中由一家人照顾的环境有着天壤之别。例如，许多幼儿在家中睡觉时要有大人陪伴，而在园里则需独自入睡。这使得幼儿在入园之初就感觉“失去”了亲情和温暖。另外，幼儿在集体中生活，不可避免地会处于一种竞争的环境中。例如，如何获得老师对自己的注意和关怀，如何才能玩到自己喜欢的玩具等。因此，有一些幼儿在刚入托幼机构时会感到不知所措，从而产生分离焦虑的情绪和行为。

（3）陌生的教室活动环境。在幼儿初次走进活动室时，活动室的环境对幼儿来说是完全陌生的。活动室的家具摆放、盥洗设备等与家中都存在差异，使得幼儿在感到好奇和新鲜的同时，也会感到恐慌和不安。例如，有的幼儿在家中大便时是用坐式的尿盆或者抽水马桶，而托幼机构多采用蹲式的，这会使幼儿感到害怕，引起心理上的压力。

（4）生活要求的提高。在托幼机构的生活与学习中，幼儿需要逐步掌握生活中基本的自理能力，如逐渐能自己吃饭、自己穿（脱）衣物、自己上床睡觉、能控制大小便、自己游戏、遵守一定的规则等，这对幼儿既是挑战也是压力，会使幼儿产生心理焦虑。

2. 家庭教养方式的影响

家庭的教养方式是幼儿在托幼机构适应快慢的重要因素之一。实践证明，在平时不娇惯幼儿，注重幼儿独立能力的培养，鼓励幼儿探索新环境及与新伙伴一起玩的家庭，其幼儿的适应期就较短，幼儿初入园的情绪问题也较少。而在那些溺爱、事事包办家庭中的幼儿则需要较长的适应期，甚至有些会因为环境的巨大差异而出现情绪和生理上的问题。例如，有的幼儿会过分哭闹，甚至出现腹泻、夜惊等疾病。

3. 个性与经验因素

研究证明，在进入托幼机构之前有与家长分离经验的幼儿比较容易适应托幼机构的生活。此外，性格外向、活泼大胆的幼儿要比那些性格内向、安静胆小的幼儿更容易适应托幼机构的生活。

三、幼儿分离焦虑行为的引导策略

（一）及时引导的策略

1. 对幼儿细心照顾

幼儿出现分离焦虑时常伴随一些剧烈的应激反应，幼儿可能会出现身体不适，如恶心、呕吐、头痛、腹痛等，保教人员要给予幼儿细心的照顾。

2. 转移幼儿的注意力

当幼儿因分离焦虑开始哭闹时，保教人员可以通过让其看动画片、听故事，或带他 / 她参观托幼机构等形式转移注意力。

3. 对幼儿耐心安抚

保教人员应给予分离焦虑幼儿更多的关心和安抚，让他们感到在托幼机构也是时刻被关怀着的。保教人员可以亲切地与幼儿沟通，也可以通过肢体接触对幼儿进行安抚，让幼儿安下心来。如果幼儿当时的情绪较为激动，可让幼儿充分宣泄情绪后再处理。

（二）长期应对的策略

1. 指导家长对幼儿进行引导

在幼儿进入托幼机构之前，家长就要让幼儿知道托幼机构的益处。例如，家长可以不断地跟幼儿说“老师像妈妈一样爱你，老师就像是你的朋友”“你有什么不高兴的事，都可以和老师说”等。这样做的目的是让幼儿在心理上不排斥老师，使老师更易接近幼儿。家长还可以告诉幼儿上幼儿园后有很多小伙伴可以一起玩游戏，让幼儿感受到快乐。在幼儿进入托幼机构后，家长可以说“园里的老师和小朋友都很喜欢你，希望明天能和你继续一起玩”，从而使孩子在心理上喜欢上老师和小朋友，喜欢集体生活。

2. 逐步增进师幼关系

因为幼儿将家长作为自己安全的港湾，所有的事情都需要依靠家长来共同完成，所以在家长离开时便会产生这种分离焦虑的情绪。所以，托幼机构要指导家长降低亲子依恋程度。在生活中，家长要适当放手，让幼儿做能做的事，使其有成就感。此外，要让幼儿不产生焦虑，就要让师幼建立新的依恋关系。家长平时要在幼儿面前多夸奖老师，如老师会讲很多故事、会唱歌、做游戏等。在接送幼儿时，可以刻意在幼儿面前与老师进行友好的交流，让幼儿觉得老师是家长的好朋友等。老师也要多给予幼儿家庭般的关心与爱抚，加深幼儿对自己的依恋程度。

3. 培养幼儿的生活及社会交往能力

幼儿的生活自理能力差会增加幼儿的分离焦虑感。在幼儿进入托幼机构前，家长应给予幼儿生活技能上的引导，如要求他 / 她坐在桌子旁自己吃饭，不能在吃饭时随意走动；引导幼儿自己脱、穿衣裤，学会自己洗手，独自入睡。家长要让幼儿习惯多人养育，要让幼儿尽量多接触家庭以外的小朋友和成人，要让幼儿拥有多个一起玩的小伙伴。此外，家长还要培养幼儿与陌生人打招呼的习惯，以克服其在陌生环境里的胆小、怕生等情绪。当小朋友来家里玩时，家长要鼓励幼儿把玩具拿出来和其他小朋友分享，以培养其交往能力。这样幼儿在进入托幼机构后，就更容易与其他小朋友融洽相处，减少或避免分离焦虑的发生。

6-1-5

4. 开展丰富多彩的活动，增强托幼机构的吸引力

（1）进行“大手拉小手”活动。例如，小班教师可邀请大班幼儿来小班与弟弟妹妹一起进餐、做游戏、进行户外活动等，以满足幼儿集体归属感的需要。教师用这样的方法能帮助小班幼儿将对家长的依恋情感转移到哥哥、姐姐身上，并在此过程中充分感受到集体的温暖与快乐。

（2）开展“我的全家福”活动。在陌生的环境中，让幼儿找到属于自己的东西能够有效缓解其分离焦虑情绪。所以，教师可让幼儿或家长带来全家福照片并贴到活动室的墙面上，让幼儿体会到在家的感觉，感受到家长就在他们的身边。

（3）进行“照片展”活动。分离焦虑现象不只幼儿有，家长也有。为了解除家长的焦虑，教师可以把幼儿在园的情况拍下来，上传到班级微信群等平台，让家长能及时、全面地掌握幼儿的表现。当家长让幼儿一起回看活动的照片时，幼儿也会特别开心。

5. 降低家长的焦虑情绪

缓解幼儿分离焦虑的关键因素在于家长，家长本身有焦虑倾向，就会对幼儿产生不良影响。教师可以将科学应对分离焦虑的方法告知家长，让家长配合自己共同帮助幼儿度过这段特殊时期。教师与家长沟通时，注意要选择合适的沟通方式（如电话、微信等），现场沟通应注意选择私密性较好的场所；要肯定幼儿的优点、进步；要说明幼儿分离焦虑行为的具体情况及诊断依据；了解幼儿在家的相关情况，并阐述幼儿分离焦虑行为产生的原因；叙述托幼机构目前的处理方式。家长来接幼儿时，托幼机构一般会允许家长陪幼儿在户外活动场地的活动器械上玩一会儿。当幼儿玩得高兴时，家长应表示该结束了，并答应他 / 她明天再来玩，这样幼儿会有来园的动力，入园焦虑也会减弱。另外，家长在家中也要创造一个良好的环境，控制好自己的焦虑情绪，以免影响幼儿。

▼ 步骤二　活动实施

一、识别幼儿分离焦虑行为的特点

阅读所收集的幼儿分离焦虑行为案例，结合幼儿分离焦虑行为的一般特点，判断并说明案例中的行为具有哪些特点，如表 6–1–2 所示。

表 6-1-2 识别幼儿分离焦虑行为的特点

一般特点	本案例中的行为是否具有此特点	识别依据
	□是 □否	
	□是 □否	
	□是 □否	
	□是 □否	
	□是 □否	
	□是 □否	
	□是 □否	
	□是 □否	

二、幼儿分离焦虑行为案例分析

阅读案例，分析案例中幼儿的分离焦虑行为，并针对性地给出引导策略。

在刚入园的前两个星期里，小班区域总是传来此起彼伏的哭声，尤其是在幼儿早上刚入园时，或者在进餐、睡眠的环节，幼儿的哭闹会特别厉害。天天是小（4）班的一名新生，他长得虎头虎脑的样子，特别招人疼，他是所有孩子中哭闹得最厉害的一个，哭闹时那双水汪汪的大眼睛，也总是惹人怜爱。两个星期后，大部分幼儿经适应了集体生活，每天都能开开心心地入园，可天天还是哭闹得很厉害，总喊着“我要妈妈，我要回家”。中午进餐时他只吃一点，嘴里总嘀咕着要回家，想让妈妈喂饭；午睡时也一直哭泣，不能很好入睡，要让妈妈陪着。老师也发现，天天的妈妈在每次送完天天后总是会在教室外面待一段时间才走。已经一个月过去了，天天的情况依旧。

分析与引导策略：
各抒己见 6-1

三、幼儿分离焦虑行为调研与总结探讨

将到托幼机构拜访收集的幼儿刚入园的分离焦虑行为相关的资料进行整

理，总结幼儿的常见表现及保教人员的引导策略（可将相关资料粘贴在下方，或者在后面插入纸张）。

任务评价

任务评价表如表 6–1–3 所示。

表 6–1–3 任务评价表

评价指标	评价要点	满分值	自我评价（40%）	小组评价（60%）
识别幼儿分离焦虑行为的特点	能说出幼儿分离焦虑行为的一般特点（16 分）	32 分		
	案例中关于幼儿分离焦虑行为的特点识别与依据正确（16 分）			
幼儿分离焦虑行为案例分析	行为分析有理有据（18 分）	38 分		
	引导策略具有针对性（20 分）			
幼儿分离焦虑行为调研与总结探讨	收集资料任务完成（10 分）	30 分		
	常见表现整理完成（10 分）			
	引导策略整理完成（10 分）			
总分		100 分		

说明：任务评价包括自我评价和小组评价，评价时应结合相应评价要点进行评价；小组评价一般由组长负责组织，并结合小组成员的意见进行评价；总得分精确到小数点后两位。

6-1-8

任务二 幼儿社会退缩行为观察与引导

涵涵是个非常可爱的女孩，可是在活动中，不论是老师叫她还是别的小朋友叫她，涵涵总是说“我不会”“我不敢”“我不行”，这让老师很头疼。

任务目标

通过实践调研、案例分析、总结资料等，能对幼儿的社会退缩行为进行观察与引导。

材料准备

笔、纸、幼儿社会退缩行为调研资料。

任务实施

▼ 步骤一 知识准备

一、社会退缩行为的定义及其与孤独症的区别

（一）社会退缩行为的定义

社会退缩行为是指在所有的社会性情境中表现出的孤僻行为，包括行为抑制及社会性孤独等。行为抑制是指在陌生情境下表现出害怕、谨慎的气质特征，常发生在年龄较小的幼儿中。例如，有的幼儿面对陌生的户外大型运动器材不敢大胆尝试，原有的运动发展水平无法在这种陌生的环境中体现。社会性孤独是指幼儿由于遭到同伴拒绝而表现出来的独处行为。

（二）社会退缩与孤独症的区别

社会退缩与心理障碍中的孤独症有很大的区别。尽管两者的表现都有孤僻行为，但是社会退缩者的孤僻程度远远轻于孤独症。另外，对于幼儿来说，在家庭和托幼机构的共育下，具有社会退缩行为表现或行为倾向的幼儿是可以改善其行为的；但孤独症幼儿需要专门治疗，在短期时间内其行为很难改善。

6-2-1

在托幼机构中，幼儿身上表现的孤僻行为大多为社会退缩行为，是轻度的、可以改善的孤僻行为。但是当观察者发现幼儿有孤独症倾向时，就应及时寻求专家的帮助。

二、幼儿社会退缩行为的类型

根据是主动还是被动选择社会退缩行为，一般将社会退缩行为分成3类，即主动退缩型、被动退缩型和焦虑退缩型。有这3种社会退缩行为的幼儿的主要特征及具体表现分别如下。

（一）主动退缩型

主动退缩型幼儿的主要特征是主动选择回避社会交往活动。具体表现为：对社会交往不感兴趣，在与他人共处时，主动选择独处，注意力集中在自己的活动中，自得其乐；对事物的兴趣高于对交往的兴趣，他人的存在与活动情况并不能引起他们太多的注意。

（二）被动退缩型

被动退缩型幼儿的主要特征是退缩行为是被动选择的结果。具体表现为：他们有强烈的交往意愿，却因不善交往或不受欢迎而遭到拒绝，因此被迫选择独处，或者通过夸张的游戏、喧闹、多动等行为来引起他人注意。尽管被孤立，但他们的情绪仍比较积极。

（三）焦虑退缩型

焦虑退缩型幼儿的交往意愿介于主动退缩型和被动退缩型之间，其主要特征是既希望交往又恐惧交往。具体表现为：关注他人的存在与活动，但是苦于不知如何开启社会互动而苦闷异常、情绪焦虑，不得不选择独处、无所事事，抑或旁观他人的游戏。

三、幼儿社会退缩行为的主要影响因素

（一）先天的遗传因素

心理学家的研究表明：右脑额叶脑电图不规则的婴儿在与父母分离时容易哭泣，在新环境下容易产生害怕和消极情绪；婴儿期稳定的脑电不规则模式能中等程度地预测童年期的行为抑制和器质性害怕。多项研究证明，除脑电活动外，行为抑制的幼儿与非抑制的幼儿相比，交感神经系统反应性强，肌肉紧张，心跳频率高，瞳孔扩大。

6-2-2

（二）后天的环境因素

1. 家庭环境

在儿童社会化发展的过程中，家庭扮演着重要的角色。家庭提供的成长环境的优劣决定着他们的社会化发展。不安全的亲子依恋、不良的教养模式都可能导致幼儿形成社会退缩。安全的亲子依恋使幼儿感到安全、自信，有利于幼儿积极探索周围环境，与同伴积极互动，形成良好的社会交往能力。而处于不安全依恋关系中的幼儿社会交往能力偏低，在社会环境中的显著特征是害怕和被拒绝。另外，父母的教养类型、教养观念、教养策略等都与幼儿的社会退缩行为相关。有些父母经常对幼儿过度控制、过度保护，培养出来的幼儿常常胆小、害羞和退缩。有些父母对幼儿要求过高，或是怕幼儿受到欺侮，在幼儿遇到社交难题时总是直接指导，反复地告诉幼儿该怎么做，并且要求他们完全重复自己的指令，培养出来的幼儿习惯了直截了当、全盘接受父母的意见，而不愿用自己的方式去尝试解决困难，导致社会交往能力比其他幼儿偏低。

2. 托幼机构环境

托幼机构中的师幼关系、同伴关系，都对幼儿的社会退缩行为的形成有重要的影响。有研究证明，教师对幼儿的认可程度，如通过使用不同的评价语言、给予不同的发言机会、给予不同的待遇或其他机会，会影响幼儿自我概念的形成和发展。教师认可程度低的幼儿，往往对自己评价消极、不自信，他们在社会交往中往往选择退缩和独处。另外，教师的认可程度也会影响该幼儿与同伴的关系。那些教师认可程度低的幼儿，往往遭到同伴的拒绝和孤立，因为他们在同伴眼中是教师心目中的“差生”。另外，失败的同伴交往经历会强化幼儿的社会退缩行为。那些比较容易紧张、害羞的幼儿会因为几次失败的同伴交往经验，而导致他们更不愿交往，倾向于选择独处。而一旦这些幼儿成为同伴群体中的孤僻分子，同伴们更倾向于拒绝、孤立他们。

社会退缩行为的影响因素，都是对幼儿的社会退缩行为进行观察与分析时需要综合考虑的。观察者除了观察，还需要掌握一定的社会退缩行为形成的生理知识，建议父母及时带幼儿去医院检查，排除生理方面的因素，同时也应灵活运用访谈、资料查阅等途径，全面细致地了解该幼儿的各种成长背景。例如，可以通过与教育者进行访谈，了解幼儿的家庭成长环境，通过家访实地考察该幼儿与父母的亲子关系与家庭教养因素，还可以通过查阅资料，了解该幼儿的入学经历，调查是否在其他托幼机构发生过重要事件，因而影响了幼儿的社会交往，或是家长在教育中采取了不当的教育策略等。

四、社会退缩行为对幼儿的影响

社会退缩行为因其具有稳定性和预测性而备受儿童发展问题研究者的关注，社会退缩行为被认为是幼儿观点采择能力低、自尊水平低、孤独、压抑的潜在因素，是幼儿发展的危险因素。有研究机构对 5 岁幼儿进行了 10 年的追踪研究，发现早期儿童的社会退缩行为可以预测以后的内隐行为问题，与幼儿的消极自我评价、害羞和焦虑相关。社会退缩行为尤其是极端的社会退缩行为是很稳定的，不是暂时性的行为问题。

其他研究表明，有社会退缩行为的幼儿更可能出现焦虑、低自我价值感，并产生其他一些内隐的行为问题。与不退缩的同伴相比，4 ～ 5 岁的有社会退缩行为的幼儿解决人际两难冲突的能力较低，对同伴提出简单而委婉的请求时常常遭到同伴的拒绝。这种同伴拒绝和内隐行为问题的结合会使他们最终从同伴环境中脱离出来，成为孤独的孩子。有社会退缩行为的幼儿的“负面影响”会随着年龄增长而日益严重，常常伴随着被同伴排斥、孤独、沮丧、消极的自我评价、学业困难、厌学、被欺侮等心理阴影。成年以后，这种幼儿更容易遭遇情感的挫折，也容易自卑，出现社交问题，在生活的重要转折点，如结婚、生子、获得稳定的职业等方面常常落后于其他人群。

综上所述，社会退缩行为对幼儿今后的发展有不利的影响。我们应尽早辨识有社会退缩行为的幼儿，通过观察其行为，了解其行为特点，分析成因，帮助其改善社会退缩行为，将社会退缩对儿童发展的影响降到最低。

五、幼儿社会退缩行为的引导要点

观察幼儿的社会退缩行为是为了分析其原因，以帮助幼儿尽快融入正常的社会交往活动。为了更好地寻找到改善幼儿社会退缩行为的策略，应在观察结果的基础上，认真分析社会退缩行为的成因，并采取相应的引导策略。

6-2-4

（一）以发展的眼光看待幼儿的社会退缩行为

在观察与分析社会退缩行为幼儿时，应带着发展的眼光来看待他们。尽管社会退缩行为在一定程度上是稳定的，而且能够预测将来的问题行为，但是在观察时，不应戴着有色眼镜看待他们，不能因为他们被孤立、被拒绝，而带有更多的主观想法去描述其具体表现。观察者应坚持客观描述，通过客观事实来分析有社会退缩行为幼儿的类型和形成原因，寻找合理、正确的教育对策来帮助有社会退缩行为的幼儿改善行为。

（二）帮助幼儿改进社会交往的技能

观察有社会退缩幼儿的行为，不仅是为了找出形成原因，更重要的是为了帮助幼儿改进社会交往技能，使幼儿健康、自信地发展。在幼儿社会退缩行为的矫正方法中，行为矫正技术、游戏治疗和经验性矫正是 3 种常用方法。由于这 3 种方法适用于情况较为严重的幼儿，并且需要专业的矫正人员和严格的矫正程序，不适合在托幼机构中运用。为此，下文介绍两种托幼机构常用的改善幼儿社会退缩行为的方法。

1. 社会学习

社会学习的方法是由心理学家阿尔伯特·班杜拉（以下简称班杜拉）提出的。班杜拉认为儿童是通过观察和学习来习得新行为的。在观察学习的过程中，班杜拉认为强化和动机决定着新行为的表现。因此，在使用社会学习中，有研究提出让有社会退缩行为的幼儿观看示范电影，这类电影描述了孩子之间积极的同伴互动行为。与同伴互动后，孩子的行为得到了表扬和赞赏。看完影片后回到教室里，这些有社会退缩行为的幼儿的交往频率显著增加。这是因为影片中积极的同伴互动行为为有社会退缩行为的幼儿做出了榜样，而互动后的积极效果强化了他们增加互动行为的动机和意愿。因此，我们在使用社会学习的教育策略时，不仅要让有社会退缩行为的幼儿观察怎么做，更要让他们明白这样做后会得到预期的奖赏。

2. 集体游戏

集体游戏因其需要大量的社会互动，对社会退缩幼儿的行为改善有明显的作用。有研究表明，自然的、有针对性的幼儿集体游戏对幼儿的社会退缩行为纠正是一种可行的方法。这些集体游戏都侧重于角色的扮演、交往、合作，包括角色游戏、音乐游戏、体育游戏等，目的是增强幼儿的自信和交往能力。在系列游戏中，角色由少到多，玩法和情节由简单到复杂，游戏之间的衔接根据矫正对象的变化，循序渐进地进行。研究中还努力创设宽松的游戏环境，并准备充足的玩具、道具和头饰，激发矫正对象对游戏的兴趣，并尽量转移其注意力，降低其心理压力，使其不自觉地进入游戏角色。通过一段时间的矫正，矫正对象逐渐活泼，并乐于参加集体活动。

在对有社会退缩行为幼儿的教育中，需要家庭和托幼机构倾注更多的心血并耐心引导，在了解有社会退缩行为幼儿的表现和形成原因的基础上，用教育智慧帮助他们打开与社会互动的大门。

▼ 步骤二　活动实施

一、判断幼儿社会退缩行为的类型

整理所收集的幼儿社会退缩行为案例，结合幼儿社会退缩行为的类型，判断并说明其中的行为是否属于相应的类型，如表 6-2-1 所示。

表 6-2-1　幼儿社会退缩行为类型的举例

类型	本案例是否属于此类型	判断依据
	□是　□否	
	□是　□否	
	□是　□否	

二、幼儿社会退缩行为案例分析

阅读案例，分析案例中幼儿的社会退缩行为，针对性地给出引导策略。

倩倩是个女孩，今年 4 岁多，已入中班。在幼儿园里，她不多言，仅和个别幼儿玩；不敢与老师的目光对视，很少与老师交谈，多用点头、摇头表达意愿；在老师多看她几眼时，会显得局促不安。她的动手能力较同龄孩子差一些，对绘画、手工活动有恐惧心理，每当有此类活动，她会找借口不上幼儿园，后来发展到她真会出现肚子痛等身体不适的情况。她的祖父母一听说她身体不适，立即会做出不让她上学的决定。

经与家长沟通，了解到她的父母均是高级知识分子，她与祖父母、父母住在一起，家庭教育很民主。据家长说，倩倩喜欢和父母一起阅读文学作品，还能用语言对其中的经典人物进行概括，语言表达能力还是很好的。她在家活泼、善言，但如果有同龄陌生幼儿来时，她就像变了一个人，不说话，不愿和同伴玩。

6-2-6

关于绘画方面，据家长回忆，在幼儿园里有一次老师带他们画画，她不会画，老师指导她后随口说了句“不画好是不可以回家的”，她悄悄请同桌帮她画的。当天妈妈来接她，她哭着要妈妈赶紧带她回家。当时妈妈也没有问出她哭的原因，老师也没再追问。一段时间后，她看到电视里的相关情节，才说出了这件事。

分析与引导策略：

各抒己见 6-2

三、幼儿社会退缩行为调研与总结探讨

将在托幼机构收集的幼儿社会退缩行为的相关资料进行整理，总结幼儿社会退缩行为的主要表现及保教人员的引导策略（可将相关资料粘贴在下方，或者在后面插入纸张）。

任务评价

任务评价表如表 6-2-2 所示。

表 6-2-2 任务评价表

评价指标	评价要点	满分值	自我评价（40%）	小组评价（60%）
判断幼儿社会退缩行为的类型	能说出幼儿社会退缩行为的常见类型（12 分）	30 分		
	案例中关于幼儿社会退缩行为的类型判断与依据正确（18 分）			
幼儿社会退缩行为案例分析	行为分析有理有据（20 分）	40 分		
	引导策略具有针对性（20 分）			

续表

评价指标	评价要点	满分值	自我评价（40%）	小组评价（60%）
幼儿社会退缩行为调研与总结探讨	资料收集任务完成（10 分）	30 分		
	主要表现整理完成（10 分）			
	引导策略整理完成（10 分）			
总分		100 分		

说明：任务评价包括自我评价和小组评价，评价时应结合相应评价要点进行评价；小组评价一般由组长负责组织，并结合小组成员的意见进行评价；总得分精确到小数点后两位。

任务三 幼儿攻击性行为观察与引导

任务情景

小玉的爸爸去幼儿园接小玉，班主任崔老师请小玉的爸爸留一下，说与他有事谈。原来小玉抢夺班上一位小朋友的玩具，那位小朋友不给，小玉就抓了那位小朋友的脸，那位小朋友的脸上留下了两道手指印。崔老师说类似的事情不止发生了一次，希望小玉家长能配合做好家园共育，使小玉健康成长。

任务目标

通过实践调研、案例分析、总结资料等，能对幼儿的攻击性行为进行观察与引导。

材料准备

笔、纸、幼儿攻击性行为调研资料。

任务实施

▼ 步骤一 知识准备

一、幼儿攻击性行为的概念

攻击性行为常常被定义为有意伤害他人、损坏或抢夺他人物品的行为。攻击性行为对他人造成的伤害，不仅指生理上的伤害，如打架导致的伤害，也包括心理上的伤害，如排斥他人、说别人坏话等。

当幼儿某些故意的行为给其他幼儿造成伤害时，我们就将此认为是幼儿的攻击性行为。从攻击性行为产生和发生的频率来看，1 岁以后的幼儿就开始与同伴发生社会性冲突了，幼儿阶段的攻击性较高，攻击性随着年龄的增长呈线性下降趋势。由于攻击性行为会造成其他人受伤害，所以这个结果更容易观察得到。但是在判断幼儿的攻击性行为时，要区分有意还是无意，当幼儿不小心伤害他人时，不能一刀切地认为就是攻击性行为。

6-3-1

二、幼儿攻击性行为的类型及其特点

（一）幼儿攻击性行为的类型

1. 按照攻击实施的方式进行分类

按照攻击的实施方式，幼儿的攻击性行为可分为身体攻击、言语攻击和间接攻击。

（1）身体攻击。它是指幼儿通过肢体直接伤害他人，损坏或抢夺物品，包括扭打、推搡、指戳、掐、砸、抓或抢夺他人物品、抢占座位空间等。

（2）言语攻击。它是指通过语言来直接伤害他人，令人不快，包括说脏话、骂人、取笑、嘲讽、给同伴取外号等。

（3）间接攻击。它是指借助其他手段来攻击对方，包括散布谣言、唆使打人，在游戏活动中排斥、孤立、拒绝他人，或者指使第三者去打他人等。

2. 按照攻击的目的进行分类

按照攻击的目的来划分，攻击性行为可以分为工具性攻击和敌意性攻击。

（1）工具性攻击。工具性攻击是指幼儿以获取某种物品、维护某种权利为目的而伤害了别人。在这种形式中，幼儿渴望得到某种玩具、某个游戏中的角色或游戏的空间，为此他们想方设法去得到它或维护它。他们常用吵架、推搡、脚踢等方式，来达到自己的目的。因此，攻击只是一种达成目的的工具。

（2）敌意性攻击。敌意性攻击是指幼儿以破坏东西、伤害他人为目的而进行的攻击。在这种攻击中，攻击就是为了破坏而让他人受伤。敌意性攻击还可以细分为公开性攻击和关系性攻击。公开性攻击是指通过身体伤害或威胁进行身体伤害来伤害他人。关系性攻击是指通过损坏他人的同伴关系达到伤害他人的目的，包括直接表达不愿意与其做朋友，或者诱导他人不要与被攻击对象做朋友等。

（二）幼儿攻击性行为类型的特点

从攻击性行为的类型来看，幼儿主要以身体攻击、工具性攻击为主，但是随着年龄的递增，身体攻击逐渐减少，而言语攻击和间接攻击逐渐增多；工具性攻击逐渐减少，而敌意性攻击逐渐增长。从性别差异来看，相关研究发现，学龄前女孩子的攻击行为并不比男孩子少。只是女孩子更多通过关系性攻击来表达她们的敌意，而男孩子更可能会用公开性攻击来伤害或威胁他人。

三、幼儿攻击性行为产生的相关理论

攻击性行为产生的理论有多种，较普遍的几种理论介绍如下。

（一）挫折—攻击假说

早期的社会心理学家提出了“挫折—攻击假说”，认为挫折并不直接导致攻击，但是它为攻击行为的实际发生创造了一种准备状态。

（二）社会学习理论

社会学习理论认为，攻击是通过观察和学习来习得的。班杜拉认为幼儿在观察中学习了攻击性行为，但是是否表现出新习得的攻击性行为，则受到强化的影响。如果攻击性行为得到强化，如鼓励、表扬，那么幼儿就会表现出攻击性行为；如果攻击性行为受到制止、批评，那么幼儿就会避免模仿这类行为。班杜拉的“充气娃娃”实验充分地证明了这个观点。实验过程为：让4岁的幼儿单独观看一个男人拳击充气娃娃的电影。电影中的行为分别有3种结果：第一种是奖励攻击性行为，赞扬攻击者并给他巧克力和汽水；另一种是惩罚攻击性行为；第三种是既无表扬，也无惩罚。在分别观看了3段电影后，让幼儿进入一个放了充气娃娃和其他玩具的实验室。研究人员发现，观看到惩罚攻击性行为的幼儿，其攻击性行为远比其他两组少，几乎没有攻击性行为发生；而其他两组的幼儿都表现出了电影中的攻击性行为。而当研究者告诉他们，如果模仿电影中的行为将得到奖励时，3组幼儿都表现出了攻击性行为。可见，幼儿的观察学习是非常有效的。

（三）社会认知模式理论

社会认知模式理论认为，攻击是因为攻击者对于社会信息的错误解读而引起的。大量的社会认知研究指出，有攻击性行为的幼儿倾向于注意那些敌意性线索，对他人行为的解释存在归因偏见，更多时候认为是对方在挑衅；在面临社会冲突时，偏向于将攻击性行为作为解决问题的主要策略；攻击性幼儿对其行为的后果抱乐观的期待。有研究发现，那些身体受过虐待的4岁幼儿就已经形成了社会认知缺陷，这些孩子在进入幼儿园的6个月后显示出了高频率的攻击性行为。

6-3-3

四、影响幼儿攻击性行为的主要因素

在对攻击性行为的观察中，除了认真地观察事件发生时幼儿的行为表现外，还应了解导致攻击性行为的主要因素，从而分析幼儿攻击性行为产生的根源及形成的过程。根据攻击性行为产生的各种理论，研究者们对影响攻击性行为的各项因素进行了分析，其中，家庭、托幼机构环境、电子媒介等对幼儿攻击性行为的形成影响较大。

（一）家庭因素

班杜拉提出，家庭成员的攻击性行为是影响幼儿攻击性行为产生的最主要来源。肯尼斯·道奇等人对有攻击性行为幼儿的家庭进行调查的结果发现，这些家庭有许多相同之处，如父母对子女缺少关爱、经常对孩子强制训斥、对孩子进行身体上的惩罚，这一系列因素构成了一个冷漠、紧张、易怒的家庭氛围。另外，家长对幼儿攻击性行为的监管不力，以及采取纵容、鼓励的态度等，都会对幼儿形成攻击性行为产生间接作用。

（二）托幼机构环境

在托幼机构中，教师对幼儿攻击性行为的态度和行为对幼儿形成攻击性行为也有间接的作用。在一个班级中，如果攻击性行为是不被认可的，当攻击性行为一产生，教师就及时制止，或者通过讨论的方式，让幼儿明白这种行为是一种不良行为，是解决冲突的一种方法。如果教师能同时教给幼儿正确解决冲突的方式，那么这个班级中的幼儿产生攻击性行为的可能性就会大大降低。相反，如果教师对幼儿的攻击性行为不闻不问、听之任之，那么这个班级的幼儿产生攻击性行为的概率就会大大增加。

（三）电子媒介

随着电子信息与互联网的飞速发展，电子媒介对暴力行为的传播，如包含暴力情节的动画片等，在很大程度上会增加幼儿的攻击性行为。随着幼儿接触包含暴力情节的概率相对增加，幼儿习得攻击性行为的概率也在不断增加。

（四）幼儿的个性特点

幼儿的个性特点也是影响幼儿攻击性行为产生的因素之一。攻击性行为多发的幼儿大多脾气暴躁、易怒、过度自尊。攻击者一般认为自己是很优秀的、有能力的，因此当他们受到自认为不公的待遇时，就会生气地做出反应并攻击他人。攻击性行为对于幼儿看似是比较普遍的社交行为，但是如果仔细分析就会发现，两岁半后，特别是3岁以后，幼儿延后享乐能力的发展帮助他们避免去抢夺别人的东西时，工具性攻击就不经常发生了。而此时，个别幼儿身上出现的攻击性行为开始逐渐稳定。张文新等人在2003年对3～4岁幼儿攻击性行为发展的追踪研究发现，3～4岁幼儿攻击性的个别差异已具有明显的稳定性。从3岁左右开始，攻击性行为已成为某些幼儿解决社会冲突的主要方式。此时，这些幼儿应成为成人关注社会交往问题行为的对象。

五、幼儿攻击性行为观察与分析的注意事项

虽然具有攻击性行为的幼儿随着年龄增长，后期攻击性行为很可能会消失，但是一旦这些行为成为模式，将导致品行障碍，而这种障碍就会倾向于严重和持久。因此，对幼儿的攻击性行为进行观察与分析十分必要。在了解了攻击性行为的概念、类型及发生原因等知识的基础上，对幼儿攻击性行为进行观察时会更有把握，但还需注意如下事项。

（一）运用合适的方法

对幼儿攻击性行为的观察需要选择适合攻击性行为的观察方法。因为攻击性行为在一定的情境下才会表现出来，因此比较适合采用事件取样法、轶事记录法和行为检核法对其进行观察。

（二）多维度分析原因

观察者在分析幼儿攻击性行为发生的原因时，应通过与教师、家长访谈来了解幼儿成长的家庭教育环境。在攻击性行为的形成中，家庭环境的作用对幼儿的影响是最主要的。通过对家长的教育方式、家长自身的行为与处事方式的了解，也许能快速找到幼儿攻击性行为形成的主要原因。

另外，要注重通过事后与幼儿访谈，深入了解幼儿产生攻击性行为的动机和对攻击性行为的看法。例如，要询问幼儿为何攻击他人，是否因为他人的某个行为激怒了他；幼儿是否了解如果打了别人，挨打的人是很痛的，老师、父母对他的行为将会很失望；幼儿是否预料到了攻击性行为的后果是很严重的；等等。观察者要从这一系列的询问中，判断有攻击性行为的幼儿是否具有社会认知偏差，是否能够正确地移情，是否能客观地估计攻击性行为发生的后果。

（三）针对性地引导

对幼儿攻击性行为进行多维度的原因分析，将有助于观察者更恰当地对幼儿攻击性行为进行引导。对幼儿行为的改善可以采取社会学习、社会认知干预及开展家庭指导等多种方式。正面引导的策略主要有：优化活动环境，减少不利刺激；帮助幼儿转移情绪，提供宣泄情绪的机会；多鼓励幼儿与人合作，改善人际关系；合理安排教育活动；树立正确的儿童观与教育观。

▼ 步骤二　活动实施

一、判断幼儿攻击性行为的类型

阅读所收集的幼儿攻击性行为案例，结合幼儿攻击性行为的类型，判断并说明其中的行为是否属于相应的类型，如表 6-3-1 所示。

表 6-3-1　幼儿攻击性行为类型的举例

分类依据	类型	本案例是否属于此类型	判断依据
		□是　□否	
		□是　□否	
		□是　□否	
		□是　□否	
		□是　□否	

二、幼儿攻击性行为案例分析

阅读案例，分析案例中幼儿的攻击性行为，并针对性地给出引导策略。

近来，中（3）班陆续有家长找班主任反映，说孩子不想上幼儿园，主要是因为班里有个小朋友总爱欺负人。班主任特别关注了家长提到的那位幼儿亮亮。经过一段时间的观察发现，游戏时间，他经常因为索要同伴的玩具而与其他小朋友发生争执。一旦遭到其他小朋友的拒绝，他就会凶巴巴地伸手抢其他小朋友的玩具，甚至会气势汹汹地对其他小朋友说："你不听话的话，我就打你！"一些小朋友因为害怕只得将玩具交给他玩。另外，他有时会模仿动画片里或电视剧里的武打动作；有时会冷不丁地突然撞到老师的身上，让老师抱抱后，他会显得特别高兴。经了解，亮亮是家里的老大，在家里总和弟弟发生冲突，而妈妈遇到问题就只会用简单粗暴的打的方式来管教他，总要求他让着弟弟。

6-3-6

分析与引导策略：

各抒己见 6-3

三、幼儿攻击性行为调研与总结探讨

将在托幼机构收集的幼儿攻击性行为相关的资料进行整理，对幼儿行为进行分析，并总结相应的引导建议（可将相关资料粘贴在下方，或在后面插入纸张）。

任务评价

任务评价表如表 6-3-2 所示。

表 6-3-2　任务评价表

评价指标	评价要点	满分值	自我评价（40%）	小组评价（60%）
判断幼儿攻击性行为的类型	能说出幼儿攻击性行为的常见类型（14 分）	28 分		
	案例中关于幼儿攻击性行为的类型判断与依据正确（14 分）			
幼儿攻击性行为案例分析	行为分析有理有据（15 分）	42 分		
	引导策略具有针对性（27 分）			
幼儿攻击性行为调研与总结探讨	收集资料有记录（10 分）	30 分		
	行为分析有理有据（10 分）			
	提出建议具有针对性（10 分）			
总分		100 分		

说明：任务评价包括自我评价和小组评价，评价时应结合相应评价要点进行评价；小组评价一般由组长负责组织，并结合小组成员的意见进行评价；总得分精确到小数点后两位。

课后练习

一、思考与练习（40 分）

（1）幼儿问题行为与问题幼儿、心理疾病的联系与区别有哪些？

（2）依恋的发展阶段和类型有哪些？

（3）如何帮助幼儿改进社会交往技能，以引导幼儿的社会退缩行为？

（4）幼儿攻击性行为产生的相关理论有哪些？

二、实践活动（60 分）

选择某一幼儿问题行为观察案例（如幼儿分离焦虑行为、幼儿社会退缩行为、幼儿攻击性行为），结合其中的问题，模拟与家长的沟通过程，并将相关内容填入表 6–3–3 中。

表 6–3–3　幼儿问题行为家长沟通情况记录表

案例
沟通过程

注："项目综合评价表" 参见附录。

参考文献

陈思．学前儿童行为观察与分析[M]．武汉：武汉大学出版社，2020．

顾英．细谈小班幼儿入厕管理新策略[J]．中国校外教育：中旬，2010（9）：157．

韩映红．婴幼儿行为观察与分析[M]．上海：上海科技教育出版社，2017．

侯素雯，林建华．幼儿行为观察与指导这样做[M]．2版．上海：华东师范大学出版社，2019．

李晓巍．幼儿行为观察与案例[M]．上海：华东师范大学出版社，2017．

柳阳辉，张兰英．学前儿童游戏[M]．2版．郑州：郑州大学出版社，2009．

施燕，韩春红．学前儿童行为观察[M]．2版．上海：华东师范大学出版社，2019．

施燕，章丽．幼儿行为观察与记录[M]．2版．上海：华东师范大学出版社，2021．

王金洪．学前儿童游戏与指导[M]．北京：北京出版社，2014．

吴克勤，敖翔．学前儿童游戏[M]．长春：东北师范大学出版社，2017．

吴晓丹．学前儿童游戏指导[M]．北京：北京师范大学出版社，2015．

伍友艳，陈金菊．幼儿园游戏[M]．长春：东北师范大学出版社，2015．

夏宇虹，胡婷婷．学前儿童行为观察与指导[M]．长沙：湖南师范大学出版社，2019．

张静．学前儿童游戏[M]．北京：北京师范大学出版社，2021．

张祯．幼儿问题行为识别与应对[M]．上海：华东师范大学出版社，2016．

张文新，纪林芹，宫秀丽，等．3～4岁儿童攻击性行为发展的追踪研究[J]．心理科学，2003（1）：49-52.

赵琳．婴幼儿行为观察与分析[M]．重庆：西南师范大学出版社，2021．

附　录　项目综合评价表

专业：____________　班级：____________　姓名：____________　学号：____________

项目数	综合评价内容	折算满分	折算得分
项目一	任务评价（按满分 10 分折算）	10 分	
	课后练习（按满分 10 分折算）	10 分	
项目二	任务评价（按满分 10 分折算）	10 分	
	课后练习（按满分 10 分折算）	10 分	
项目三	任务评价（按满分 10 分折算）	10 分	
	课后练习（按满分 10 分折算）	10 分	
项目四	任务评价（按满分 10 分折算）	10 分	
	课后练习（按满分 10 分折算）	10 分	
项目五	任务评价（按满分 10 分折算）	10 分	
	课后练习（按满分 10 分折算）	10 分	
项目六	任务评价（按满分 10 分折算）	10 分	
	课后练习（按满分 10 分折算）	10 分	
总分（满分）		120 分	
综合评价：□优秀（≥ 108 分）　□良好（≥ 96 分且 < 108 分） □及格（≥ 72 分且 < 96 分）　□不及格（< 72 分） 综合评价建议： 教师：			

说明：所有项目学习结束后，将各项目任务评价页、课后练习作业及本表提交至教师进行综合评价，由教师给出综合评价建议。

幼儿园教育主要政策法规

《托育机构保育指导大纲（试行）》

《国家职业技能标准——保育师》（2021 年版）

"保教知识与能力"相关真题选编

全国职业院校技能大赛相关赛项规程